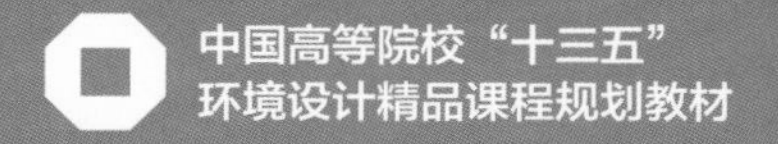

杨思宇　高贞友　郭宜章 / 编著

Sketching Techniques
手绘表现技法

中国青年出版社

前言

近年来，手绘表现在我国建筑、室内、景观、展示等设计领域得到了广泛应用。手绘除了能快速表现设计者的艺术构想、设计意向和最终方案外，还是与非专业人士沟通的最好媒介，能让他们一目了然地看懂设计方案，并对决策起到一定作用。手绘表现图的绘制还能有效提高空间设计专业学生的形体塑造、明暗处理、光影表达、虚实平衡、主次搭配及质感表现和色彩表现等能力，进而提升造型能力、创意能力、鉴赏能力和审美水平，为将来从事设计艺术工作打下牢固的基础。

目录

01 概述

02 工具

03 透视

04 构图

05 基础练习

06 景观设计的手绘表达

07 室内设计手绘表达

08 展示设计手绘表达

09 建筑设计的手绘效果图表达

10 手绘术语

11 常用手绘工具品牌

概述

设计过程中，设计师需要将方案以可视的形式表达出来，如空间的形态、色彩、材质与光照关系。手绘表现遵循着这个需求成为介乎于创造性绘图与工程技术图纸之间的一种绘画形式。

近年来，手绘表现在我国发展很快。在建筑、室内、景观、展示等设计领域得到了广泛应用。手绘除了能快速表现设计者的艺术构想、设计意向和最终方案外，还是与非专业人士沟通的最好媒介，让他们能一目了然地看懂设计方案，并对决策起到一定作用。手绘表现图的绘制还能有效提高空间设计专业学生的形体塑造、明暗处理、光影表达、虚实平衡、主次搭配及质感表现和色彩表现等能力，进而提升造型能力、创意能力、鉴赏能力和审美水平。为将来从事设计艺术工作打下牢固的基础。

1.1 手绘的目的

手绘表现是设计师艺术素养和表现技巧的综合体现，它以自身的魅力、强烈的感染力向人们传达着设计的思想、理念以及情感，手绘的最终目的是通过熟练的表现技巧，来表达设计者的创作思想。

1.1.1 快速记录灵感、推敲设计思路

可以确定的是，“图画是设计师的语言”，无论设计师从事的是建筑设计、展示设计还是景观规划，抑或产品、服装设计，没有一个离得开画图。徒手表达的随意和自由，确立了手绘在记录灵感和斟酌方案方面的优势。对设计过程本身来说，手绘有助于设计师迅速捕捉脑海中倏忽闪现的灵感并记录下来。另一方面，手绘图的绘制必须科学合理，才能够付诸实现，产生经济利益与价值。设计师通过不断修改草图，探讨设计理念的可行性，对方案更好地进行推敲和把握，大大提高方案实现的可能性。设计师必须拥有丰富的设计灵感，并具备深厚的绘画基础，才能够准确地、艺术化地将构思由大脑延伸到手，逐步修缮并最终完成创造性的表达。

1.1.2 表达、沟通和交流的手段

作为一名合格的设计师，手绘能力也是衡量设计师专业度的重要指标。可以说，设计师在整个职业生涯中都离不开手绘的学习和再深造。手绘是设计师表达艺术构思和创意方案的重要手段，画面中的每根线条、每笔色彩，都是设计语言的展现。

作为与市场紧密挂钩的实用型课程，手绘的目的不仅仅在于图纸的完美，更在于“沟通”这两个字，这包括设计师自身观念的输出、设计师之间学术的交流以及设计师与客户之间的沟通等。思维产生设计，设计由表现来推动和深化。手绘由于其在表现方式上的形象直白，自然而然地成为设计师与同仁开展学术交流、与客户进行直观沟通的便利手段。

1.1.3 设计专业的重要必修课程

手绘是高校设计专业一门重要的必修课程，对学生毕业、升学、就业都有很大的影响。手绘课程前期有素描、色彩、构成等基础课程，后期有专业设计课程，作为基础美术的延续和设计课程的基础，起着承上启下的作用。

与徒手绘图相对应的是电脑绘图。随着科技的发展，3D 效果图在展示设计预期效果方面被广泛运用。然而，这种做法也带来些问题，电脑绘图在时间和硬件上存在局限性，同时，学生长期利用软件进行复制和仿真会影响设计能力，甚至影响到将来的升学和就业。所以手绘在锻炼学生创造性思维，提高设计综合素养方面是电脑绘图无法取代的。

1.1.4 艺术收藏价值、美学传承价值

在空间设计中，我们可以通过手绘感知环境，了解事物的尺度、比例、材质、质感、色彩等。手绘因而成为一种特殊的心理体验，通过感性认知与理性表达的结合，成为创意在美学方面的一种阐释。手绘表现承袭和发展了绘画艺术的技巧和方法，所产生的艺术效果和风格带有与生俱来的艺术气质。手绘图是设计师个人审美品位和文化内涵的外化，具有相当程度的艺术魅力和感染力。设计师揭示艺术真谛和美时，获得的不仅是手绘造诣，更是设计艺术的灿烂和珍贵的价值。当代的手绘作品逐渐升华成为一种精神力量，从而具有更高的艺术收藏价值和美学传承价值。 由此可见，手绘在辅助设计师快速表达、沟通交流、锻炼创造性思维，以及美学价值传承的过程中起着举足轻重的作用。

1.2 手绘渊源

手绘表现的嬗变过程贯穿人类的文明史，犹如生物体中的 DNA，储存着人类文明的密码，人们通过手绘来表达社会价值、意识的行为最早可追溯到文字诞生前的远古时期。人们使用手绘来记录事件和对美好生活的祈愿，如法国拉斯科洞窟中关于鹿、马、牛的绘画（如图 1-1、图 1-2）和西班牙阿尔塔米拉洞窟中《受伤的野牛》壁画（如图 1-3、图 1-4）等。由此可见，通过手绘传播信息的功能历经数千年仍在继续。

世界上各个国家及地区自身不断发展并且相互影响，从而推动了整个历史的发展。手绘的历史亦是如此。简单地排列、堆积手绘现象，是无法构成手绘这一人类历史上重要的创造性活动的。它需要的是将各种手绘融合成统一的整体，这种关系不仅是地域上的，更是时间上的。

环境设计手绘艺术可以说是伴随着建筑的发展而产生的，从建筑产生以来就出现了以描绘建筑为题材的绘画作品，可以说最早的手绘艺术表现图就起源于这类题材的绘画。贡布里希，在《艺术与错觉》中曾经说过："如果艺术仅仅被看作是视觉的一种表现，那就不可能有什么艺术史。不同的艺术形式反映不同的人类活动，图形形式在很大程度上受到特定社会文明的影响。"虽然手绘艺术表现图并不属于美术史的范畴，但是其作为一种独立的绘画形式，也有自身个性和特点，受到整个时代文化、经济、艺术等社会因素的影响，反映整个社会文化内涵和审美意识的标准，下面将从国外和国内两方面来回溯手绘艺术的发展历程。

1.2.1 西方

西方的手绘艺术表现也是随着时代的发展而产生的。其萌芽可以从古埃及时期的壁画式陶器上可见一斑，建筑作为一种特定形式体现到表现层面上。（如图 1-5）在古巴比伦、希腊和罗马，已有了描绘在石板上的平面图，只是运用类似现代透视原理进行建筑表现尚未出现。

图 1-1 法国拉斯科洞窟壁画 （局部）

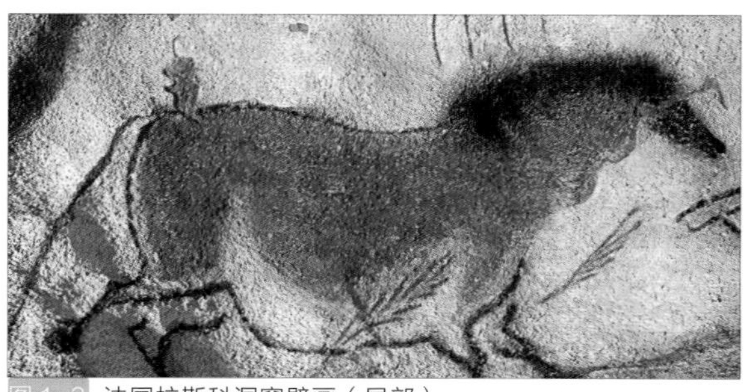

图 1-2 法国拉斯科洞窟壁画（局部）

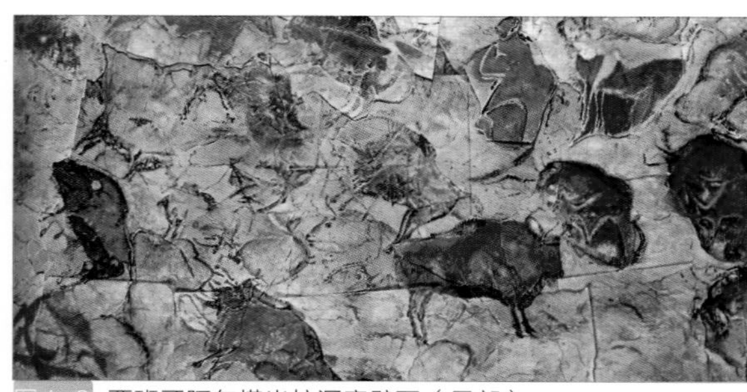

图 1-3 西班牙阿尔塔米拉洞窟壁画（局部）

1. 拉斯科洞穴壁画（CavesofLascaux），由 1.7 万年前的原始人涂抹在法国西南部多尔多涅省附近"拉斯科"岩洞内壁上，是旧石器时期岩画的代表之一，在美术史上占有重要地位。2. 阿尔塔米拉洞窟壁画（Altamira），位于西班牙北部的坎塔布连山区，1879 年被西班牙学者绍托拉 5 岁女孩玛丽亚偶然发现，是旧石器时代的洞窟岩画中最为著名的一个。

研究表明，真正意义上的手绘源于欧洲的建筑画，历史悠久。在中世纪早期的欧洲，工匠不用画设计图纸，而是直接以在地上钉上木桩作为建造的依据。当时就有一些工匠为了储存建筑构造、装饰和设计的资料，在欧洲考察时采用了徒手绘制建筑画的方式，建筑画在当时的功能就类似于现在的速写。

中世纪晚期，意大利早期文艺复兴画家对建筑画的成型有着不可或缺的作用。乔托将透视的进深感引入宗教绘画（如图 1-6）。马萨乔是第一位使用透视法的画家，他跟随画家马索利诺学艺，并在画中首次引入了灭点，是最早在画面上自由地运用远近法来处理三度空间关系的优秀画家，他的绘画技法成为西欧美术发展的基础（如图 1-7、图 1-8）。

在文艺复兴时期，人体和建筑被认为是相通的。精于人体解剖的达•芬奇在阿尔伯蒂单线条一点透视法的基础上发明了鸟瞰和解剖相结合的新型建筑画法。在建筑设计过程中，解剖图能表现空间和体量的结构组织，鸟瞰图能表现完整的形体，鸟瞰和解剖相结合的画法形成一种建筑思想，即将建筑设计和结构设计在三维空间中结合成一个整体（如图 1-9）。这种绘画形式虽然提高了设计自由度和空间上的把握能力，但没有高远比例，如不加上人物，也没法体现尺度，类似于今天常见的斜角轴测图。

布莱蒙特主张绘画应如建筑一般的准确，比例完美，也认为建筑应如一幅画一样，有个好的视觉形象。他创造出一种“插图”透视来表现理想中的建筑形象，“插图”中既有古代建筑实例，又结合自己的发明和想象，将实践和创造结合成一体（如图 1-10）。布莱蒙特同样用鸟瞰图表现建筑，这种方法最适用于表现中堂式建筑的室内空间。通过切割建筑空间，将剖面图引入透视图，这种方法适合于表现单一的整体空间。

古典主义大师拉斐尔在主持建造罗马圣彼得大教堂时，在建筑绘图的系统性方面又迈出一步。他先将基本建筑图分为平面、立面和剖面三类，并主张建筑应是一个整体的体现。拉斐尔将视点放在建筑内，表现出多重透视效果，形成介于立面和透视之间的形象。他创作的《雅典学院》通过严格的一点透视画法，将上层和下层人群以及地面的地砖都透视相交于画面的中央一点，显示出画家一点透视法运用的娴熟（如图 1-11）。

米开朗琪罗则喜欢用模型来研究建筑，他认为建筑是活的结构，因此在建筑的过程中不停地修改设计。米开朗琪罗的建筑画初始并没有作为表现设计方案的手段，而是被当作艺术品收藏。

直到 15 世纪 30 年代，人们再次重视起平面、立面、剖面图。16 世纪，建筑出版业由于铜版印刷对木刻印刷的

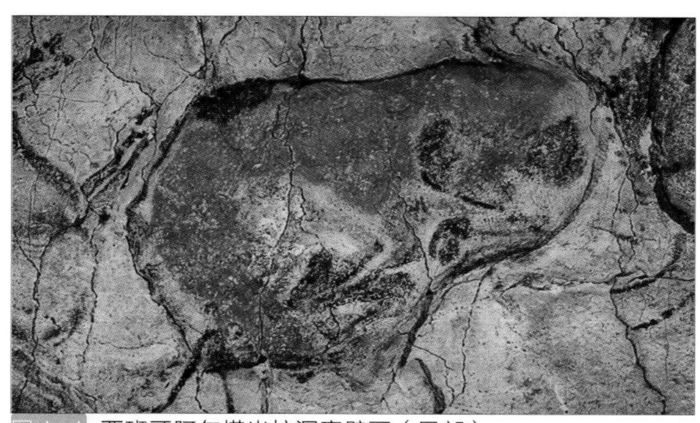

图 1-4 西班牙阿尔塔米拉洞窟壁画（局部）

图 1-5 古埃及建筑作为一种特定形式出现在象形文字中

图 1-6 阿尔勒显现（壁画），乔托，佛罗伦萨圣十字教堂

3. 贡布里希（E. H. Gombrich，1909—2001），英国艺术史家，艺术史、艺术心理学和艺术哲学领域的大师级人物。他有许多世界闻名的著作，其中《艺术的故事》从 1950 年出版以来，已经卖出 400 万册。4. 乔托（Giotto di Bondone，约 1267~1337）意大利画家与建筑师，被认定为是意大利文艺复兴时期的开创者，被誉为“欧洲绘画之父”。5. 马萨乔（Masaccio，1401~1428）意大利文艺复兴绘画的奠基人，被称为“现实主义开荒者”，他的壁画是人文主义一个最早的里程碑。

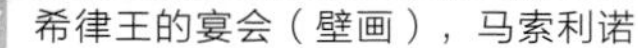

图 1-7 希律王的宴会（壁画），马索利诺

图 1-8 纳税钱，马萨乔

图 1-9 建筑手稿，达•芬奇

图 1-10 建筑插图，布莱蒙特

6. 达•芬奇（LEONARDO DA VINCI，1452~1519），意大利文艺复兴三杰之一。他致力于艺术创作和理论研究，研究如何用线条与立体造型去表现形体的各种问题，同时也研究自然科学，为了真实感人的艺术形象，达•芬奇广泛地研究与绘画有关的光学、数学、地质学、生物学等多种学科。7. 阿尔伯蒂（LEON BATTISTA ALBERTI，1404 ~1472）文艺复兴时期的意大利建筑师、作家、诗人、语言学家、哲学家、密码学家。他将文艺复兴建筑的营造提高到理论高度。他著有《论建筑》，于 1485 年出版，是当时第一部完整的建筑理论著作。8. 布莱蒙特（DONATO BRAMANTE，1444-1514）是盛期文艺复兴意大利最杰出的建筑家，是进行透视图革新的一位关键人物。9. 拉斐尔•桑西（RAFFAELLOSANZIO DA URBINO，1483 —1520）常称为拉斐尔（RAPHAEL），意大利著名画家，也是“文艺复兴后三杰”中最年轻的一位，代表了文艺复兴时期艺术家从事理想美的事业所能达到的巅峰。

图 1-11 雅典学院，拉斐尔

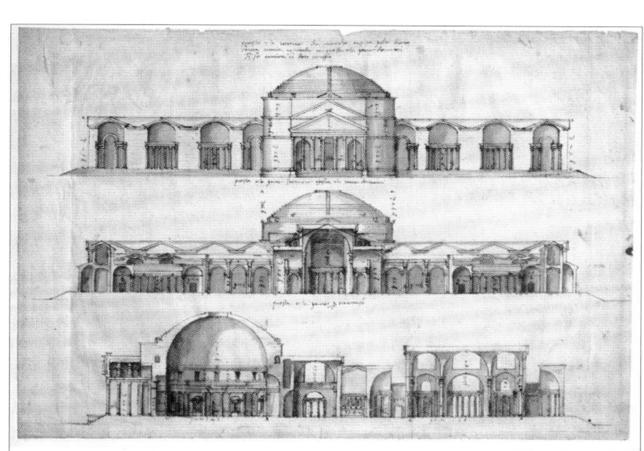

图 1-12《建筑法式》插图，帕拉蒂奥

取代而得到长足发展。帕拉蒂奥被认为是历史上第一个职业建筑师，他创作了影响深远的《建筑法式》一书，书中的插图是关于他本人的设计作品。受古典主义建筑影响，他认为建筑必须通过平立剖面图才能准确表达建筑比例尺度及细节与整体的关系。在他的画和书的插图中没有透视，空间的进深感用剖面图配合阴影来表现。他认为建筑画是传达建筑师意图的一种方式，有时比建筑本身更有价值（如图 1-12）。

与古典主义相比，意大利巴洛克建筑师通过增加灭点、增强明暗对比和层次感等方式，对透视图的发展做出了巨大贡献。巴洛克建筑大师贝尔尼尼将以视点为依据的设计带入了他的建筑设计和建筑画（如图 1-13）。他的透视图的目的是创造一个在某一视点上的强烈的印象。为了得到这个效果，他总是要画大量研究草图。他的建筑立面也倾向于透视，如他的巴黎卢浮宫的东立面设计图。与帕拉蒂奥为代表的古典主义相比，巴洛克建筑这种以视觉形象为基准的风格，可能更适合用透视图来研究其真正的空间和光影效果。意大利圣路卡学会于 1670 年开创，极大地推动了建筑画风格技法的发展，建筑画从此走向规范化。

到了法国洛可可时期，建筑风格和建筑画风格又发生变化。洛可可的室内装饰的主题是旋涡花饰。在建筑画方面摒弃了古典主义的建筑比例和数学逻辑的束缚，每个花饰都是独特的。这种独特性并非来自不同的内容，如树叶、动物、自然形态等，而是来自对于建筑设计新的理解。洛可可设计强调的是短暂的、发展的艺术行为特征。一个形象是整个艺术过程中的一个时刻，这和古典主义追求的最终的、完美的形象是完全不同的。以线条装饰为基础的洛可可风格建筑画表现的是诗意般的空间和光线。

18 世纪，新古典建筑风格一统天下，测绘古代建筑成为建筑画的一个重要组成部分，大量建筑从业者与学生来到意大利，探寻和记录古罗马建筑。达・芬奇根据考古发现和

10. 米开朗琪罗・博那罗蒂（Michelangelo Buonarroti，1475—1564），又译“米开朗琪罗”，意大利文艺复兴时期伟大的绘画家、雕塑家、建筑师和诗人，文艺复兴时期雕塑艺术最高峰的代表，与拉斐尔和达・芬奇并称为文艺复兴后三杰。11. 安德烈亚・帕拉第奥（Andrea Palladio，1508-1580）西方最具影响力的建筑师。曾对古罗马建筑遗迹进行测绘和研究，著有《建筑四书》。其设计作品以邸宅和别墅为主，最著名的为位于维琴察的圆厅别墅。

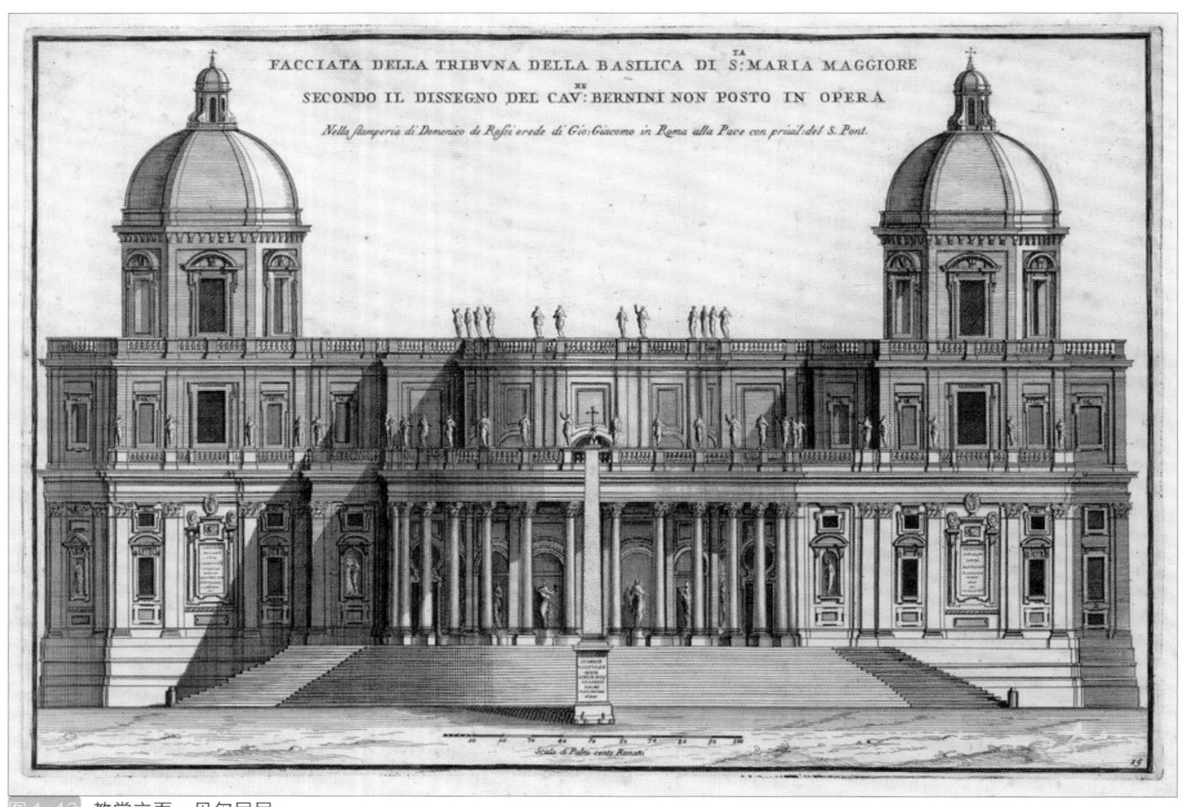

图 1-13 教堂立面，贝尔尼尼

图 1-14 皮瑞耐西的建筑画

个人想象塑造的古代罗马城形象，不再是考古学上简单的复原图，更掺杂了他对未来建筑的创造性幻想（如图 1-14）。建筑画家首次成为建筑潮流的引导者和先驱，建筑师意识到能够表现自己的设计理想才是建筑画的魅力所在。巴黎艺术学院形成了第一个系统性的建筑教育体系，在建筑史和建筑画史上的重要地位不言而喻。建筑设计竞赛也造就了 19 世纪建筑画的盛行，大量公共建筑无论体量大小，基本都可以按照竞赛方式选拔的优秀建筑画作品来建造。在建筑画的影响下，19 世纪末建筑的空间、体量和建筑技术的发展都没有什么新的进展，但是用钢笔、铅笔、水彩等工具绘制设计表现图的技法得到了发展。19 世纪后期，印象派和后印象派绘画登上历史舞台，以装饰风格为主的新艺术运动在建筑方面也流行起来。

19 世纪末 20 世纪初的产业革命和西方现代艺术运动，谱写了人类艺术设计的新篇章。一批批现代设计大师的出现，

12. 乔凡尼 · 洛伦佐 · 贝尔尼尼（Gianlorenzo Bernini，1598 -1680）。意大利雕塑家，建筑家，画家。早期杰出的巴洛克艺术家，十七世纪最伟大的艺术大师。贝尼尼主要的成就在雕塑和建筑设计，同时他也是画家，绘图师，舞台设计师，烟花制造者和葬礼设计师。13. 密斯 · 凡 · 德 · 罗（Ludwig Mies Van der Rohe，1886 - 1969），德国建筑师，也是最著名的现代主义建筑大师之一，与赖特、勒 · 柯布西耶、格罗皮乌斯并称四大现代建筑大师。密斯坚持“少就是多”的建筑设计哲学，在处理手法上主张流动空间的新概念。14. 勒 · 柯布西耶（Le Corbusier），20 世纪最著名的建筑大师、城市规划家和作家。是现代建筑运动的激进分子和主将，是现代主义建筑的主要倡导者，机器美学的重要奠基人，被称为“现代建筑的旗手”，是功能主义建筑的泰斗，被称为“功能主义之父”。

使得浮华的学院派装饰被纯净的功能主义一扫而空，手绘也被推向一个全新的境界。手绘建筑画更是成为建筑师个人标签的特色展现。现代建筑大师密斯和柯布西耶主张功能的重要性，反对过度装饰。因此他们绘制的建筑画也迥异于过去的建筑画。密斯喜好透明大玻璃，建筑内外有机融合使画面失去了重量感（如图 1-15~ 图 1-17）。（如图 1-18、图 1-19）柯布西耶则倾向利用朴素的钢笔线描不加过多雕琢的方法，来表现建筑空间及分隔元素。他倾其一生所画的大量建筑速写、草图或者效果图，都是为了功能服务。

1919 年，包豪斯设计学院成立，对世界现代设计的发展产生了深远的影响，标志着现代设计的诞生。包豪斯的理想，是要打造出文艺复兴时期那种“全能造型艺术家”，所以建筑、设计、手工艺、绘画、雕刻等课程都被包含在包豪斯的教育之中。在设计理论上，包豪斯提出三个基本观点：艺术与技术的新统一；设计的目的是人而不是产品；设计必须遵循自然与客观的法则来进行。这些观点对于工业设计的发展起到了积极的作用，也说明设计与现代工业的发展是息息相关的。用以表达现代设计的现代手绘，也必须更加理性、科学。1920 年包豪斯的重要教员，身为色彩专家的约翰尼 · 伊顿创立“基础课”，打破了陈旧的教条式美术教育的束缚。设计课程与大工业生产方式有机结合，成为现代设计教育的启蒙。在两次世界大战期间出现的表现主义建筑思潮却不认同包豪斯注重模型的教育方式，他们更注重建筑画，注重装饰风格而非建筑本身。

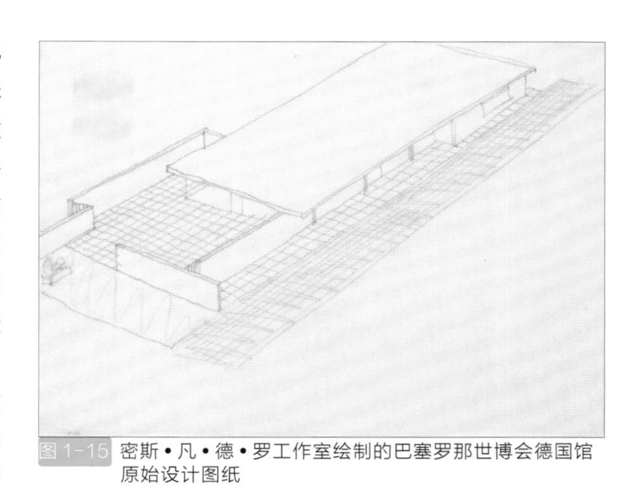

图 1-15 密斯 • 凡 • 德 • 罗工作室绘制的巴塞罗那世博会德国馆原始设计图纸

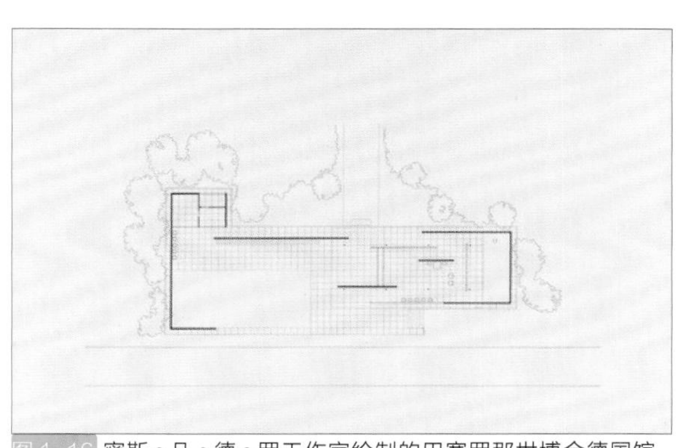

图 1-16 密斯 • 凡 • 德 • 罗工作室绘制的巴塞罗那世博会德国馆原始设计图纸

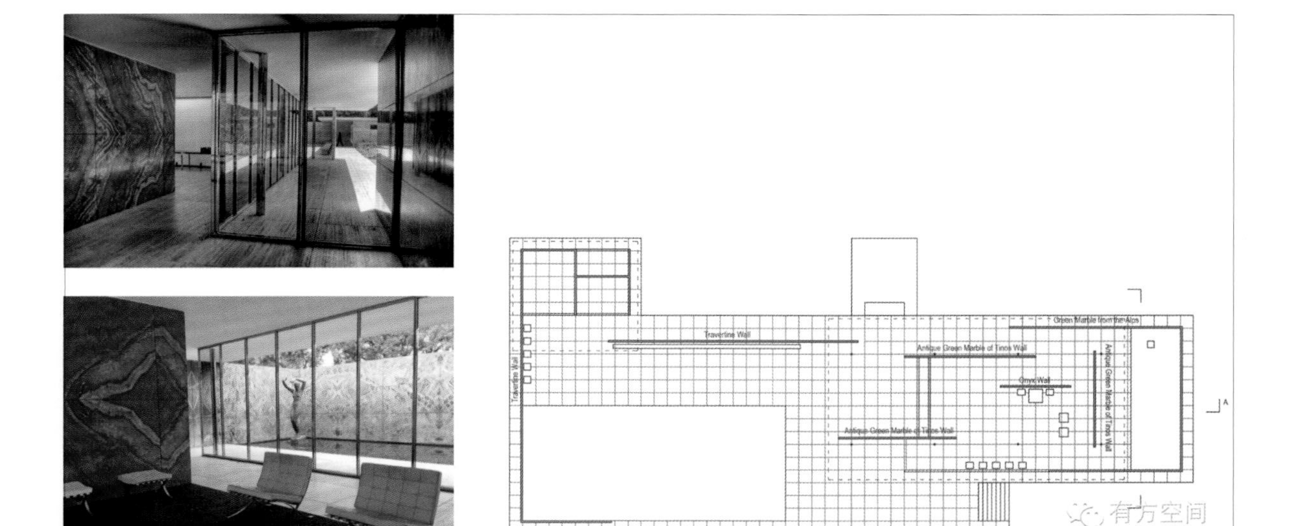

图 1-17 密斯 • 凡 • 德 • 罗工作室绘制的巴塞罗那世博会德国馆原始设计图纸

15 约翰 · 伊顿（Johannes Itten，1888-1967），瑞士表现主义画家、设计师、作家、理论家、教育家。他是包豪斯最重要的教员之一，是现代设计基础课程的创建者。他出版了《色彩艺术》，重点叙述了自己的理念和阿道夫 . 赫尔策尔（Adolf Hoelzel）的色球。

图 1-18 勒•柯布西耶绘制的雅典卫城帕特农神庙草图

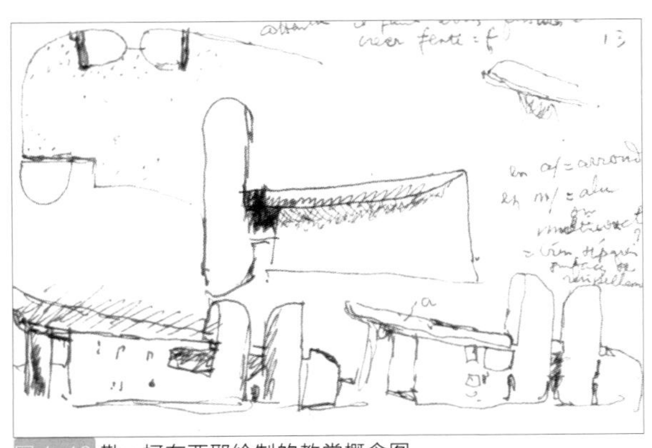

图 1-19 勒•柯布西耶绘制的教堂概念图

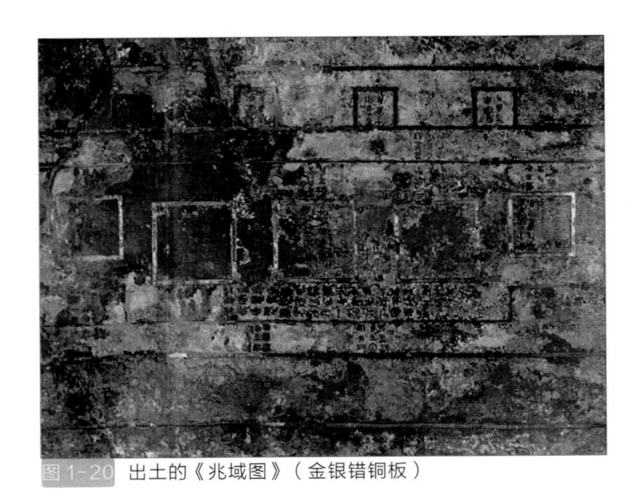

图 1-20 出土的《兆域图》（金银错铜板）

到了 20 世纪中叶，手绘在建筑表现方面又有了新的变化。一是建筑设计提倡历史主义和人的需求，在后现代建筑师文丘里、格雷夫斯等人的建筑画中我们可以看到装饰风格的复苏；二是建筑画展在法国、意大利、美国等地广受欢迎，除了设计与表现功能外，建筑画更多体现了艺术性与欣赏性，具有不菲的收藏价值；三是多元化发展趋势，建筑画领域出现各种主义各种流派，如故意夸张或扭曲建筑形体，或将各种元素混杂在一起。以谋求建筑表现的新领域。

1.2.2 中国

手绘艺术和中国社会的发展息息相关，历史悠久。早在战国时期，古人就开始用正投影法绘制的工程图，河北平山中山王陵墓中出土的一方金银错《兆域图》铜版，是已知我国最早的一幅用正投影法绘制的工程图，距今 2300 年。图上所标方位与现代地图相反，为上南下北，图上文字均用战国时期的文字“金文”书写，图上所有线条符号及文字注记均按对称关系配置，布局严谨；图中的尺寸采用“尺”和“步”两种单位表示，比例尺约为 1 比 500。从这张图可看出当时的制图水平，还反映出当时的建筑是先绘制出平面才施工的（如图 1-20、图 1-21）。

到了汉代，在石砖上出现以室内为题材的绘画图案，某些建筑单体开始转变成群组，这种建筑手绘图的体量化为环境设计、室内空间表现的出现奠定了基础（如图 1-22）。

五代时期，手绘艺术已经有了很大的进步，建筑绘画成为一个独立的画种。以韩熙载《夜宴图》为代表，这幅画不仅生动地表现出人物场景背后特殊的历史背景，也体现出画师在建筑构图、建筑色彩、建筑布局中的进步程度，更成为推动建筑环境表现的巨大推动力（如图 1-23）。

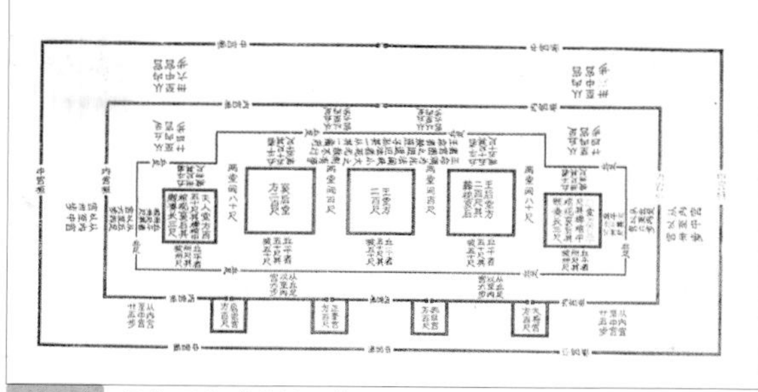

图 1-21 经整理的《兆域图》

隋唐时期，社会生产力和科学技术的巨大发展对建筑手绘艺术的表现产生深度影响。这种不只体现在整体布局处理上，还体现在个体造型上，建筑表现形式更加宏伟、有气势。绘画原则的发展到了一个相对成熟的时期。宋朝时，以建筑和建筑环境设计为主的绘画已经较为成熟，其中，李诫的著作《营造法式》浓缩了中国构架建筑营造的高超技巧，体现了唐宋以来经济高度发展对营造工程的深度影响（如图 1-24）。其中以科学的数学规范了建筑的形制、体量及每一处构件的详细尺寸，甚至按照使用者的官职等级限定了其所营造建筑的开间数目和构架尺寸，这种建立在长期工程实践基础上的建筑建造规范，成了中国日后建筑手绘表现的典型范本和施工图图样。同时，具有很高艺术水准的张择端的《清明上河图》也是这一时期的代表。画中规模宏大的建筑，主要以线描的形式表现出来，建筑的有序布局和结构体现了中国古代建筑类题材的最高水平。

图 1-22 汉代石砖拓片

明清时期，随着雕版印刷术的发展和成熟，版画界出现了空前的繁荣。“样式雷”是对我国建筑手绘艺术表现史中主持皇家建筑雷姓家族的美称，该家族使建筑手绘艺术上

图 1-23 韩熙载《夜宴图》局部

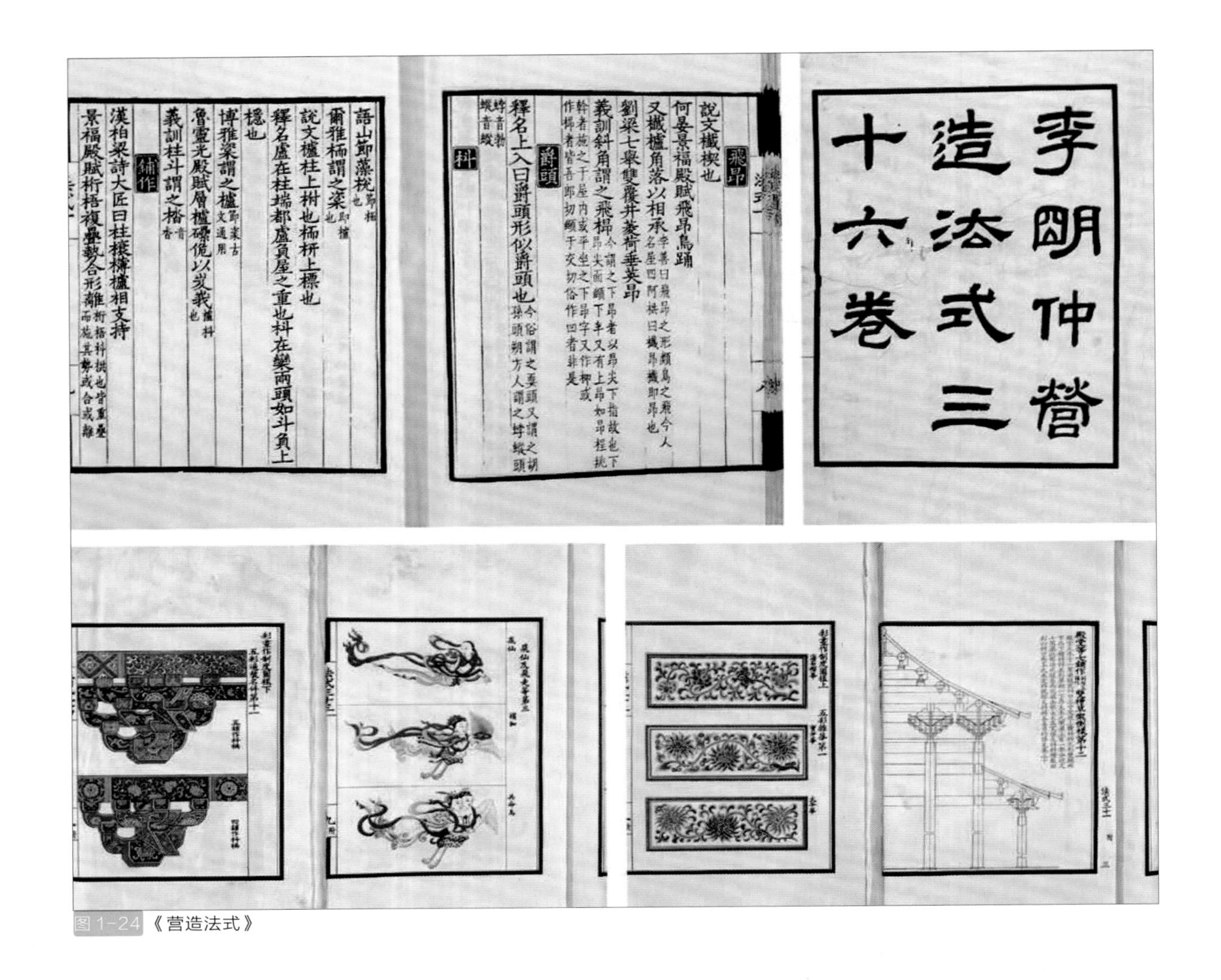

图 1-24《营造法式》

升到另一个层面上，其建筑结构的描画更深入和详细，大量的图案纹样对明清建筑文化发展的研究有深远意义（如图 1-25）。在此时期，随着东西文化的交流，中国开始接触和学习西方先进透视学理论，经过了学习和融合两个关键阶段。明末清初之际，趁着“西学东渐”之风，中德文化在当时出现了广泛而深刻的交流。

进入 20 世纪，中德文化交流更为频繁。随着中国经济的发展和社会需求的增长，包括包豪斯在内的西方美术思潮开始大量涌入中国，促成了近代中国艺术设计的第一次兴旺，同时工艺美术教育呈现出萌芽状态。在清末翰林李瑞清任总督办的中国第一所高等师范——两江优级师范学堂中，大力提倡科学、国学和美术教育，采取各科混合制。学校开设了编造、漆工、木工、金工等工艺课程，并把手工作为必修课。新增设图画手工科，开设中国画、西洋画、用器画等课程。从 20 年代开始，中国的艺术设计处于萌芽状态，创立了许多民间工艺传习学校。半个世纪以来基本都处于工艺和美术相结合的状态，工艺美术教育成为美术教育的一部分（如图 1-26）。

包豪斯所代表的工业设计概念，曲折进入中国的历程与中国近代历史发展的起伏相伴随，造成了中国艺术设计发展的间断与混杂。19 世纪到 20 世纪，中国用模仿来赶上发达国家的时期。但是由于包豪斯本身的发展还不够成熟，对其他国家艺术设计方面的影响并不大。在这期间，即使一些中国艺术家通过各种渠道浅显了解到包豪斯，但是中国的艺术设计仍然由国立杭州艺专作为代表。20 世纪初期，中国的艺术设计仍然是极为混乱和复杂的，最重要的表现内容就是“图案”和“装饰”。

设计艺术风格体现为简洁实用、朴实无华和充满民族传统、民间艺术的审美趣味，并反映出越来越强烈的“政治化”和“民族化”倾向。1954 年，中央工艺美术学院成立，50 年代初的艺术活动奠定了装饰艺术“手工业”“工艺美术”“传统工艺”和“民间工艺”为主的基调。从新中国成立后到

1984 年，中国的设计艺术在名称上被定义为“工艺美术”。1975 年中央工艺美术学院设立工业美术系，1984 年更名为工业设计系。由于当时的新社会在政治、经济、艺术等方面仍以苏联为参照对象，这使包豪斯在 20 世纪 80 年代进入中国时，只停留在文字介绍的层面，缺乏深入借鉴，大多数青年艺术设计师甚至是首次听说。

80 年代以前，我国手绘教育受到“工艺美术”的深刻影响。此时所谓的艺术设计在教育上专注培养以美术为基础的表现能力，而不是培养以艺术设计为基础的造型能力。基础课程、专业课程和实践课程中不断强调的“表现能力”和“表达能力”等，其关注的重点都放在了绘画、装饰、美化能力的培养上。

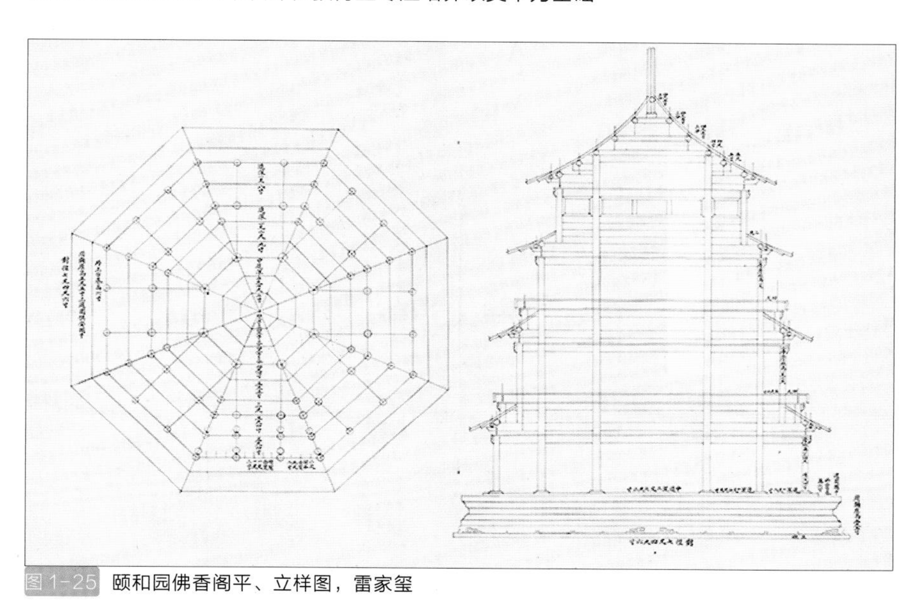

图 1-25 颐和园佛香阁平、立样图，雷家玺

图 1-26 民国时期上海图书馆手绘图

工具

在进行手绘创作之前，首先应该了解下创作手绘图必备的基本工具。由于手绘图主题、风格多种多样，绘制时所用到的工具也五花八门，本章主要介绍一些常用工具。

单色工具在手绘效果图表现中应用广泛，可以用于进行单纯的线稿描绘，也可以应用于线稿的明暗渲染，是快速表达的重要工具。常见的单色工具有铅笔、钢笔、针管笔、圆珠笔、炭笔等。

2.1.1 铅笔

按笔芯分类，铅笔有软铅和硬铅之分，笔迹可深可浅、有反光，线条可粗可细，笔记流畅，也可画出丰富的明暗变化和对比强烈的块面，可以用橡皮擦改，不易保存。常见的铅笔按照笔芯硬度可以分为 H 类铅笔、HB 铅笔和 B 类铅笔。H 类铅笔属于硬铅笔，笔迹色淡、坚硬、流畅，宜画细线，但不宜画深色块面。

HB 铅笔则不软不硬，笔迹深灰，宜画线条。B 类铅笔是软铅笔，画线可粗可细，深灰色，可深可浅，宜于画深浅不同的明暗、块面，笔迹柔和流畅（如图 2-1）。

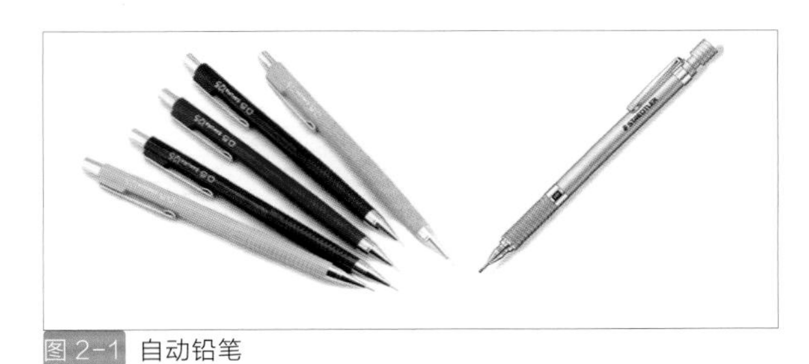
图 2-1 自动铅笔

2.1.2 钢笔

钢笔本身为金属笔尖，属于硬笔，可以储存墨水，多选用黑色墨水使用，易于画出流畅而明快的线条、块面。用钢笔画速写，下笔要果断，笔迹不易擦该，易于培养准确、肯定的造型能力，是建筑速写的首选工具。钢笔又可以分为普通钢笔和速写钢笔。普通钢笔即平时书写用笔，线条流畅粗细适中。速写钢笔笔尖弯曲，更易于画出不同形状的点、块面和有较大变化的线条（如图 2-2）。

图 2-2 钢笔

2.1.3 针管笔

制图用的针管笔易于画出精细流畅的线条，不易快速画出大的块面。所绘线条的宽窄由针管笔的针管管径大小决定，针管管径有 0.1mm~2.0mm 的各种不同规格，在设计制图中至少应备有细、中、粗三种不同粗细的针管笔，进行黑白稿绘制时，可以按照画面线条的粗细变化选择不同型号的针管笔（如图 2-3）。

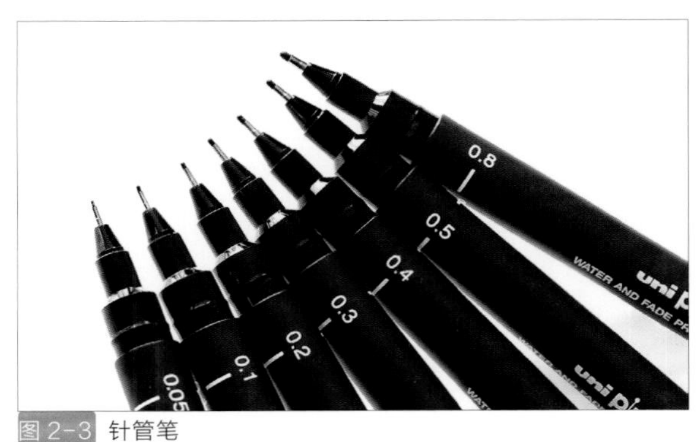

图 2-3 针管笔

2.1.4 圆珠笔

笔芯内为油性材料，笔迹效果近于钢笔，但过于光滑，不易快速画出大块面，不易长期保存（如图 2-4）。

图 2-4 圆珠笔

2.2 上色工具

色彩能够赋予效果图更加丰富的画面表现力。从手绘效果图工具的种类上来说，常见的上色工具有水彩颜料、水粉颜料、喷笔、马克笔、彩色铅笔等。其中马克笔与彩铅单独或者配合使用尤其适用于现阶段的效果图快速表达。更好地掌握不同的工具的使用能让画面呈现出截然不同的效果。

2.2.1 水彩颜料

水彩媒材的特殊性主要在于其材料本身。顾名思义，“水”与“彩”是水彩语言的两大基本要素，吴冠中先生对此曾有过精辟的论述：“水彩，其特点就在‘水’和‘彩’。不发挥水的长处，它比不上油画和粉画的表现力。不发挥彩的特点，比之水墨画的神韵又见逊色。但它妙在水与彩的结合。因此，只有充分发挥水彩的本体语言特点，魅力才能充分显现。水彩语言以色彩、色感、色调来塑造形象，水色淋漓、透明清晰、流畅斑斓是其表现的主要特征，这些也构成了水彩丰富多样的审美趣味。正是水彩的这种独特语言魅力，才使得它被广泛地运用到设计领域，其快捷而透明的表现技巧是设计手绘表现的重要方式（如图 2-5）。

水彩颜料多数较透明。要快速完成设计图，只需以线条为主体，再涂上水彩颜色即可。如铅笔淡彩、钢笔淡彩。水彩可增强产品的透明度，特别是用于表现玻璃、金属等反光面或透明物体的质感上，透明和反光的物体表面很适合用水彩表现。着色的时候由浅入深，尽可能避免叠笔，一气呵成。在涂褐色或墨绿色时，应尽量小心，不要弄污画面。

图 2-5 水彩颜料

2.2.2 水粉颜料

水粉颜料具有相当的浓度，遮盖力强，适合较厚的着力方法。笔道可以重叠，在强调大面积设计，或想要强调原色的强度，或转折面较多的情况下，用水粉颜料来画最合适。水粉颜料不宜调得过浓或过稀，过浓时带有黏性，难以把笔拖开，颜色层也显得过于干枯以至于开裂，过稀则会有损于画面的美感（如图 2-6）。

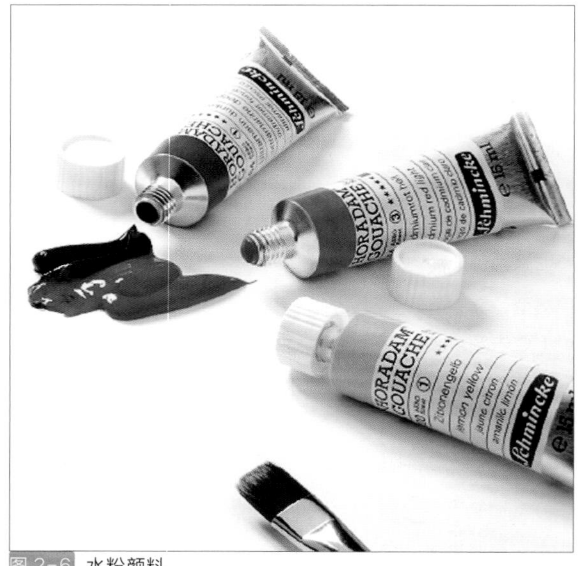

图 2-6 水粉颜料

2.2.3 喷笔

喷笔是一种精密仪器，能绘制出细致的线条和柔和渐变的效果。喷笔的早期作用是帮助摄影师和画家用于修改画面。但是很快，喷笔的潜在功能被人们所认识，得到了广泛的应用和发展。喷笔的艺术表现力惟妙惟肖，物象的刻画尽善尽美，独具一格，明暗层次细腻自然，色彩柔和。随着科学技

图 2-7 喷笔

术的飞速发展，喷笔使用的颜料日趋多样化、专业化。喷笔应用的范围越来越广。已涉足一切与美化人们生活相关的领域，广泛用于广告招贴、商业插图、封面设计、广告摄影、挂历、画、建筑画、综合性绘画。作为高等艺术院校的一门必修课，喷笔技法成为艺术造型中强有力的表现技法（如图 2-7）。

一般说来，凡是调和后，颗粒比较小的颜料溶剂，均可作为喷画用的颜料。常用颜料有水彩类、树脂类、油彩类三种类型，其中以水彩类使用最为广泛。水彩类包括水彩、水粉（广告颜料）、墨汁、彩色墨水、中国画色等。水彩一般为管装颜料，它具有半透明性质，颗粒细，附着力强，但覆盖力弱，若和水粉色套用，效果更佳。水粉颜料应用很广，色素纯正，色彩鲜明，不透明，具有很强的覆盖力。中国画颜料兼有水粉、水彩的特点，是理想的喷绘颜料。

绘图时每一种颜色都应了解，如黑色等矿物质的颜料颗粒较粗，需要研磨以后再用。如桃红、曙红、玫瑰红等色被覆盖力较差，常有泛色现象，喷画时应谨慎使用。墨汁是不透明的黑色颜料，色质细腻均匀，是喷绘作品黑白作品的上等颜料。彩色墨水其色素由微粒子组成，有独特的光泽和鲜明的色调，透明度好，可补充画面的色彩而不失其画面的结构清晰，也可和其他颜料混合使用。

随着喷笔使用越来越多，其颜料日趋专业化，国外已生产出专业的喷笔颜料，备受艺术界的青睐，其艺术语言表达更加完美，更加成熟。

2.2.4 马克笔

20 世纪初，欧洲现代主义艺术运动和设计运动兴起，在一定程度上影响了设计表现图的风格，呈现出多元性和对新材料的尝试。马克笔正是这个时期被运用到设计表现图中的。马克笔又称记号笔，由英文 MAKER 音译而来，全称为 MAGIC MAKER，意为具有魔幻般效果的记号笔。原先只是用于读书写字的标记作用，由于具有魔幻般的特点，色艳、快干、具有透明感、使用方便，现在已经被广泛地应用于设计领域（如图 2-8）。

马克笔绘制最有魅力的地方是其独特的笔触感，如一字形、Z 字形、N 字形、十字形等。这些笔触通过单色或同类色系的叠加来达到一种过渡效果，或者通过笔触在纸面上停留时间的长短及笔触点、线、面的变化来产生一种过渡，以此来表现画面空间的素描关系。马克笔因注入的颜料不同分为油性和水性两种。

（1）水性马克笔

水性马克笔没有浸透性，颜色亮丽有透明感，但多次叠加颜色后会变灰，而且容易伤纸。遇水即溶，绘画效果与水彩相同，笔头形状有四方粗头、尖头、方头，这种适用于画大面积与粗线条，也有尖头，适于画细线和细部刻画。

（2）油性马克笔

油性马克笔具有浸透性、挥发较快的特点，通常以甲苯为溶剂，使用范围广，能在任何物体表面上使用，如玻璃、塑胶表面等都可附着，具有广告颜色及印刷色效果。由于它不溶于水，可与水性马克笔混合使用，而不破坏水性马克笔的痕迹。马克笔的优点是快干，书写流利，可重叠涂画，更可加盖于各种颜色之上，使之拥有光泽，再就是根据马克笔的性质，油性和水性的浸透情况不同。在作画时，必须先仔细了解纸与笔的性质，多加练习，才能得心应手，画出更理想的画面效果（如图 2-8）。

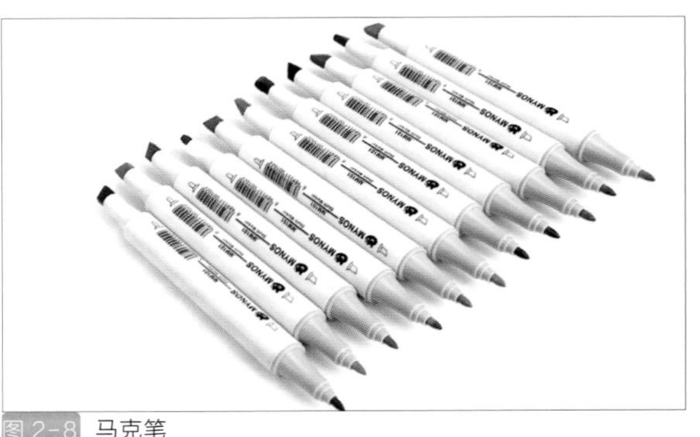

图 2-8 马克笔

TIPS 马克笔常用色号

马克笔颜色丰富，一般有 100 多个色系。每支马克笔都以缩写的英文字母和数字组成的代码来表示其颜色，如"R001"是指（RED）红色 001 号。颜色太纯过于艳丽的颜色不好把握，要慎用。其他颜色可以根据个人爱好和专业需求来定。

灰色在效果图的表现中应用非常广泛，可以按照灰色的色性选择。灰色一般有 5 个系列，最常用的有 3 个系列，即 CG（中性灰色系）、WG（暖 灰色系）、 BG（冷 灰色系）。灰色每个系列有 9 个号，如有从 CG1 到 CG9 有 9 个中性灰度可以选择，相邻色号色差比较小，因此可以选择 3、5、7、9 等色差较大的色号。

（1）室内常用马克笔色号

冷 灰：459、460、461、462、463、467；
暖灰：444、445、446、447、448；439、440、441、442、443；
木材：435、436、437、438、431、432、433、434、411、412、428、429、430、414、415；
绿色：370、372、400、401、386、388；
蓝色：393、396、398、347、348、350、351、352、354、355、362、360、368、341；
暖色：405、406、407、424、425、426、427、324、325、326、326、320、321、332、304、329、322；
黑色：469。

（2）建筑常用色号

冷灰：459、460、461、462、463、467；
暖灰：444、445、446、447、448；439、440、441、442、443；
木材：435、436、437、438、431、432、433、434、411、412、428、429、430、414、415；
绿色：365、366、370、372、400、401、385、386、387、388；
蓝色：393、396、398、347、348、350、351、352、354、355、362、360、364、368、341；
暖色：405、406、407、324、325、326、326、320、321、332、327、336、337、338；
黑色：469。

（3）景观常用色号

冷灰：459、460、461、462、463、467；
暖灰：444、445、446、447、448；439、440、441、442、443；
木材：435、436、437、438、431、432、433、434、411、412、428、429、430、414、415；
绿色：365、366、370、372、400、401、385、386、387、388；
蓝色：393、396、398、347、348、350、351、352、354、355、362、360、364、368、341；
暖色：405、406、407、324、325、326、326、320、321、332、327、336、337、338；
黑色：469。

2.2.5 彩色铅笔

彩色铅笔同样属于常见上色工具之一。彩铅属于半透明颜料，用法同铅笔相似。其具有色彩关系因此在使用时应注意同色系叠加表现处理，使画面出现丰富的效果。在效果图的绘画中，彩铅可以单独使用，也可以与其他媒介混合使用。但由于用彩铅绘图速度较慢，一般用作混合媒介来用，如可以和钢笔、水彩、薄水粉、马克笔等一起使用（如图 2-9）。

2.2.6 色粉笔

色粉笔不是粉笔，色粉笔的笔触非常强烈，呈细微的颗粒状，颜色强烈浓厚，可塑性强，然后根据需要把笔削成想要的形状和粗细大小，也可以磨成粉末状画，然后使用纸巾、毛笔、刷子、手指等配合作画，通过涂抹得到理想的效果。色粉笔的缺点是不能调色，所以初学者要买 60~72 色。

色粉笔较为松软，勾轮廓稿时最好用炭笔（条），不宜用石墨笔勾绘，用纸方面，最好使用本身具有细小颗粒状的纸张，以便颜料可以更好地附着于画面。色粉笔颜料是干且不透明的，较浅的颜色可以直接覆盖在较深的颜色上，而不会破坏深色。在深色上着浅色可造成一种直观的色彩对比效果，甚而纸张本身的颜色也可以同画面上色彩融为一体。

色粉笔的线条是干的，因此这种线条能适应各种质地的纸张。这种干性材料的使用应像其他素描工具一样，注意纸张的质地。一张有纹理的纸允许色粉笔覆盖其纹理凸处，而纸孔只能用更多的色粉笔条或通过擦笔或手揉擦色粉来填满。纸张的纹理决定绘画的纹理。手指刻画形体时更为方便。用手指调和色彩时，力的轻重可以自行掌握。用力较轻，底层的颜色就不会跑到表层上来。用手指调和还可以控制所调和的范围，不至于弄脏周围的颜色。

图 2-9 彩色铅笔

2.3 纸张的类型

设计师应根据自身需求选择纸张进行手绘，如画线稿与画彩稿所选择的纸张就有所不同。从事手绘设计的设计师对纸张的特性必须有较深的了解，什么样的纸张适合画什么样的画稿必须做到心中有数（如图 2-10）。

设计用的纸特别多而杂，一般市面上的各类纸都可使用。使用时应根据自己的需要而定，但是太薄、太软的纸张不宜使用。一般纸张质地较结实的绘图纸，水彩、水粉画纸，白卡纸（双面卡、单面卡），铜版纸和描图纸等均可使用。市面上有进口的马克笔纸、插画用的冷压纸及热压纸、合成纸、彩色纸板、转印纸、花样转印纸等，都是绘图的理想纸张。但是配合不同绘制工具，纸张也会呈现不同质感，绘图者应根据实际情况进行选择，以免影响画面效果（如图 2-11）。

2.3.1 复写纸

复写纸是勾画设计草图时最常用的，它的表面比较光滑，价格也比较便宜。

2.3.2 绘图纸

绘图纸是比较常用的，它质地细密、厚实，表面光滑，吸水能力差，适宜马克笔作画，更适宜墨线设计图，着墨后线条光挺、流畅、墨色黑。

2.3.3 复印纸

在常规教学中，我们通常选用 A4 和 A3 型号的普通复印纸，画纸在 80 g 质量的为最佳。这种纸的质地适合铅笔、针管绘图笔和马克笔等多种绘画工具，而且价格比较便宜，尤其适合初学者在练习阶段使用。

2.3.4 硫酸纸

硫酸纸又称“描图纸”。质地坚硬，半透明，常做工程图纸的打印、复制、晒图用，适于针管笔和马克笔。

2.3.5 水彩纸

水彩纸质地较厚，纹理鲜明，一般呈颗粒状或条纹状，能较好地表现出水彩渲染效果。

2.3.6 素描纸

素描纸质地较厚，适合绘制比较深入细致的效果图，而且用马克笔、彩铅反复着色也不会透过纸张弄脏桌面，表现出来的色彩也比较真实，在绘画基础教学课程中被广泛使用，质量在 100 g 以上。

2.3.7 卡纸

卡纸种类较多，有一定的底色，所以作画时需要根据需求选择合适的纸张。

此外，建议艺术设计专业的学生每学期都准备一本 A3 大小的素描速写本，随时记录自己的学习成长过程。

图 2-10 纸张

图 2-11 纸张

绘图用的工具，应当精密、优质，误差小。绘图用的工具，宜求正确、精密、优质产品，误差小为好的绘图仪器。绘图用的工具，宜求正确、精密、优质产品，误差小为好的绘图仪器。绘图用的工具，宜求正确、精密、优质产品，误差小为好的绘图仪器。绘图用的工具，宜求正确、精密、优质产品，误差小为好的绘图仪器。

2.4.1 直尺

直尺具有精确的直线棱边，可用来测量长度和作图。广泛应用于数学、测量、工程等学科。质料不同，有铁、木、塑胶等，直尺有一定硬度，否则为软尺。 最小刻度一般为 1 毫米。 标度单位常为厘米（如图 2-12）。

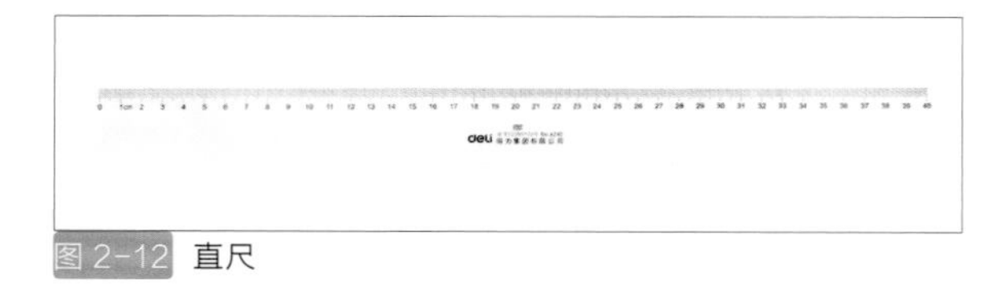
图 2-12 直尺

2.4.2 丁字尺

丁字尺（T-SQUARE），又称 T 形尺，为一端有横档的“丁”字形直尺，由互相垂直的尺头和尺身构成，常在绘制图纸时配合绘图板使用。丁字尺为画水平线和配合三角板作图的工具，一般可直接用于画平行线或用作三角板的支承物来画与直尺成各种角度的直线（如图 2-13）。

丁字尺多用木料或塑料制成，也可采用透明有机玻璃制作，一般有 600mm，900mm，1200mm 三种规格。

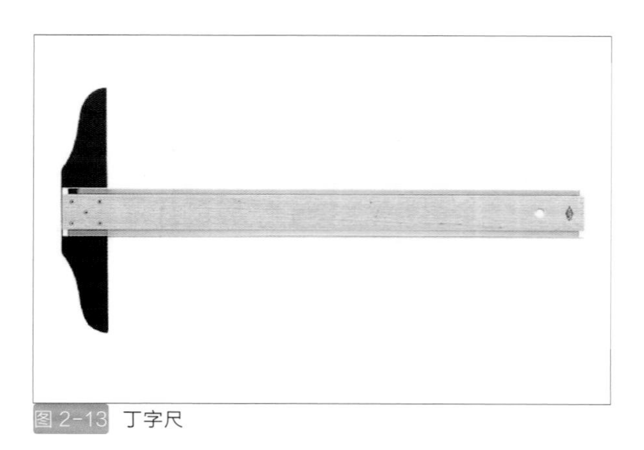
图 2-13 丁字尺

2.4.3 曲线尺

曲线尺又称蛇形尺，是一种在可塑性很强的材料（一般为软橡胶）中间加进柔性金属芯条制成的软体尺，双面尺身，有点像加厚的皮尺、软尺，可自由摆成各种弧线形状，并能固定。曲线尺广泛应用于美术、工程、设计、服装等行业，如在设计制图时、建筑物、道路、水池等不规则曲线均宜采用曲线版或蛇尺来绘制（如图 2-14）。

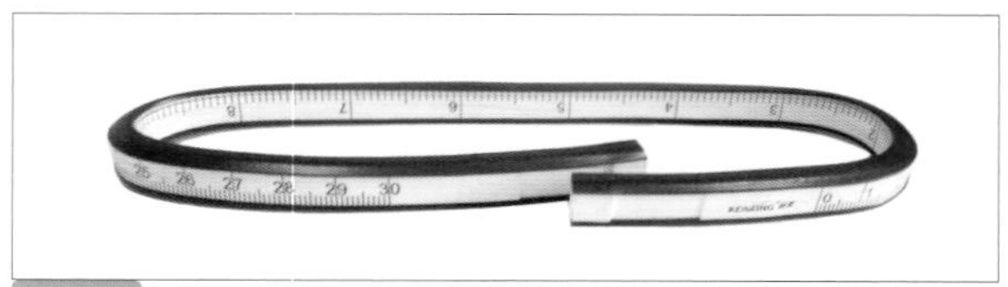
图 2-14 曲线尺

2.4.4 比例尺

比例尺是表示图上一条线段的长度与地面相应线段的实际长度之比。公式为：比例尺 = 图上距离与实际距离的比。比例尺有三种表示方法，数值比例尺、图示比例尺和文字比例尺。一般来讲，大比例尺地图，内容详细，几何精度高，可用于图上测量。小比例尺地图，内容概括性强，不宜于进行图上测量（如图 2-15）。

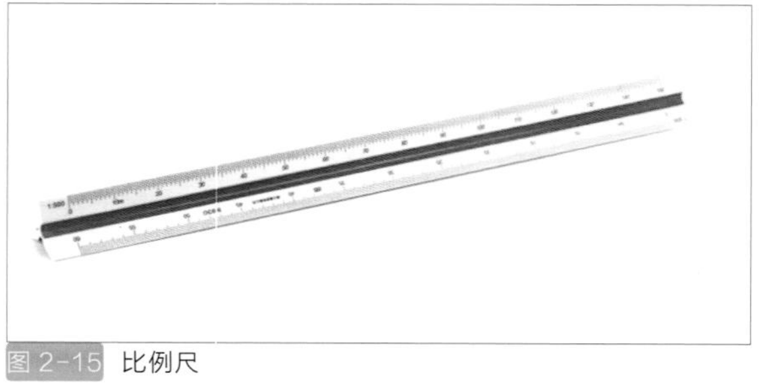
图 2-15 比例尺

2.4.5 三角板

三角板（SET SQUARE）是主要作图工具之一，可用来测量用度。三角板有两种，一种是等腰直角三角板，另一种是特殊角的直角三角板。将一块三角板和丁字尺配合，按照自下而上的顺序，可画出一系列的垂直线。将丁字尺与一个三角板配合可以画出 30° 、45° 、60° 的角。画图时通常按照从左向右的原则绘制斜线。用两块三角板与丁字尺配合还可以画出 15° 、75° 的斜线（如图 2-16）。

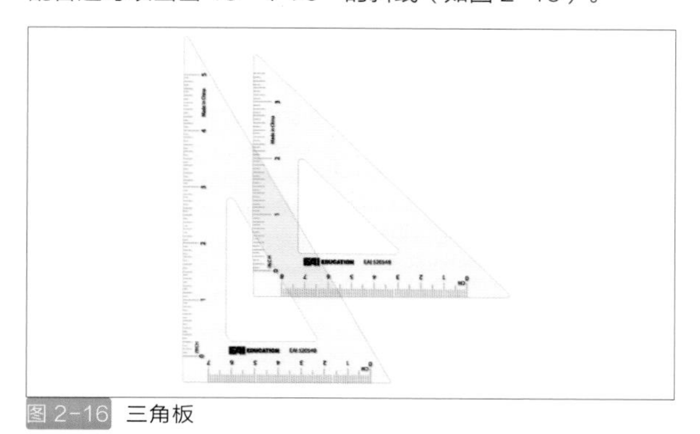

图 2-16 三角板

2.4.6 圆规

圆规是用来画圆及圆弧的工具。圆规的材质通常是金属，两部分由一个铰链连接，其中可作调整。圆规分普通圆规、弹簧圆规、点圆规、梁规等（如图 2-17）。

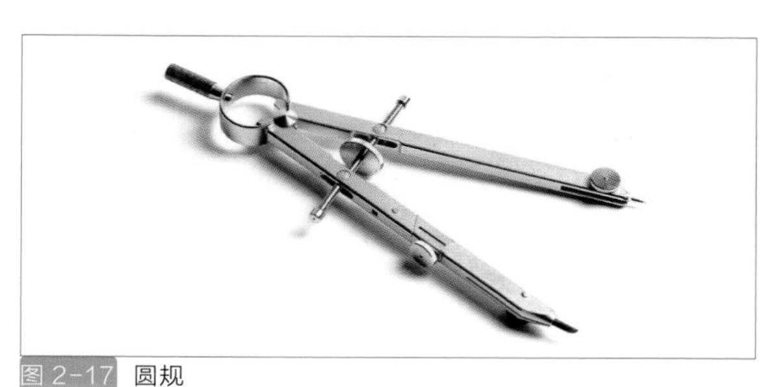

图 2-17 圆规

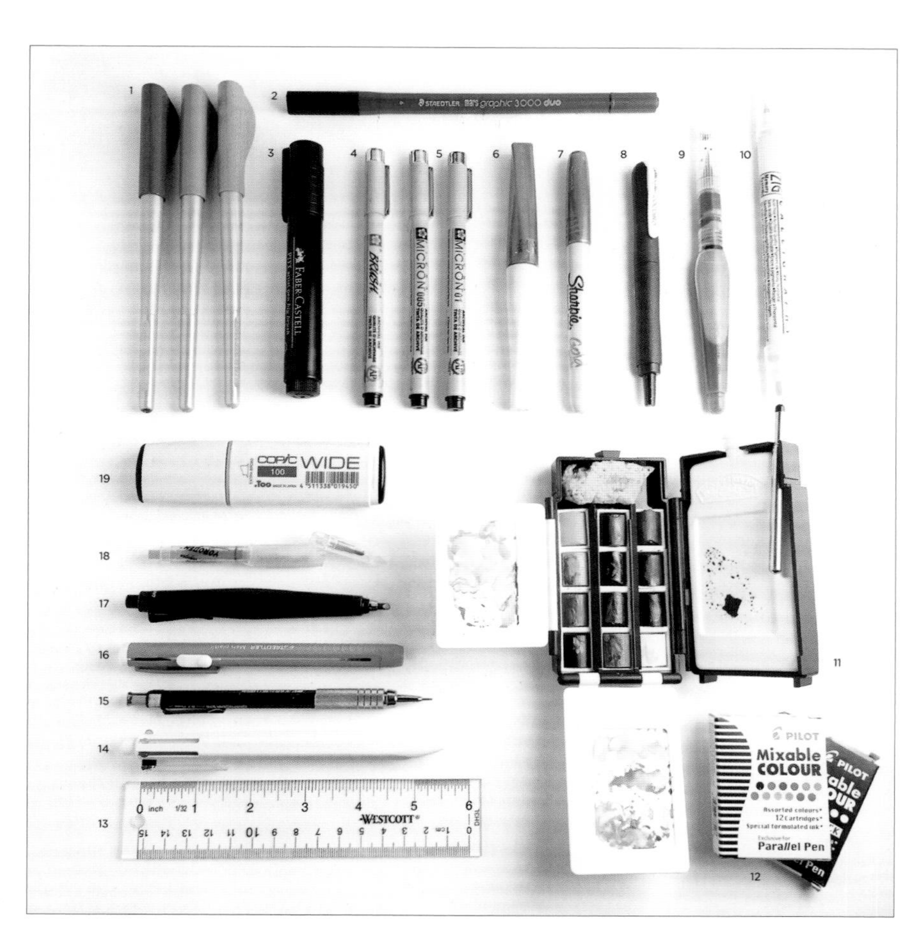

图 2-18 手绘工具

透视

透视是绘画理论术语，“透视”（PERSPECTIVE）一词源于拉丁文“PERSPCLRE”（看透），指在平面或曲面上描绘物体的空间关系的方法或技术。透视是一种推理性观察方法，它把眼睛作为一个投射点，依靠光学中眼与物体间的直线——视线传递，在中间设立一个平而透明的截面，于一定范围内切割各条视线，并在平面上留下视线穿透点，穿透点的连接，就勾画出了三维空间的物体在平面上的投影成像——透视图，在透视理论上这个成像表示眼睛通过透明平面对自然空间的观察所得到的视觉空间形象，成像具有空间感。

是否了解透视原理，是在熟练掌握线条的基础上能否准确绘制线稿的一个至关重要的环节。透视原理是指我们在进行手绘图绘制时，根据空间尺寸在二维平面进行三维空间表达。在绘制过程中，我们假想眼球与需要绘制的物体之间有一平面存在，并将平面后的物体运用透视法则投射到平面之上，从而形成该物体在图面上的图像，如下面俯视图 3-1 所示，视点为我们所处的位置，图面为我们与物体间的假想平面，图面后的物体为我们需要表达的三维形态。

3.1.1 基面（G.P）

放置物体的水平面，通常是指地面（如图 3-1）。

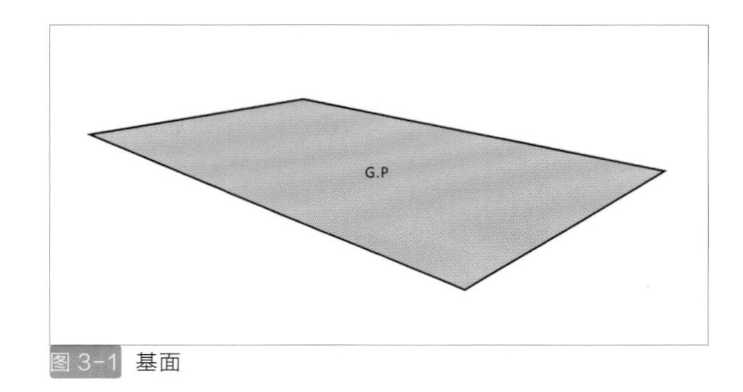

图 3-1 基面

3.1.2 画面（P.P）

画者于被画物体之间置一假想透明平面，物体上各关键点聚向视点的视线被该平面截取，与该平面相交，并映现出二维的物体透视图。这一透明平面被称为画面（如图 3-2）。

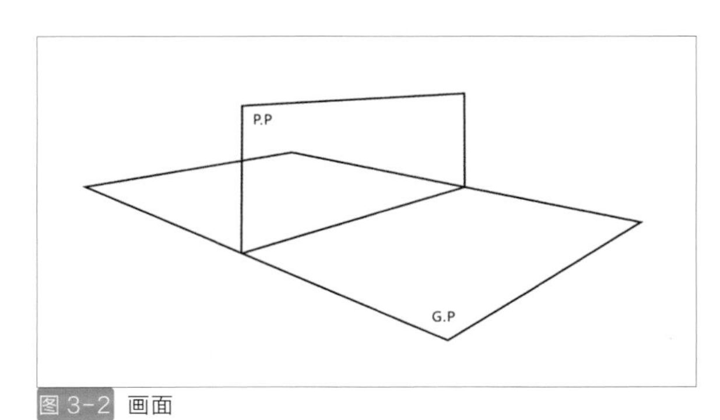

图 3-2 画面

3.1.3 视平面（H.P）

视点、视线和视中线所在的平面为视平面；视平面始终垂直于画面；平视的视平面平行于基面；俯视、仰视的视平面倾斜或垂直于基面（如图 3-3）。

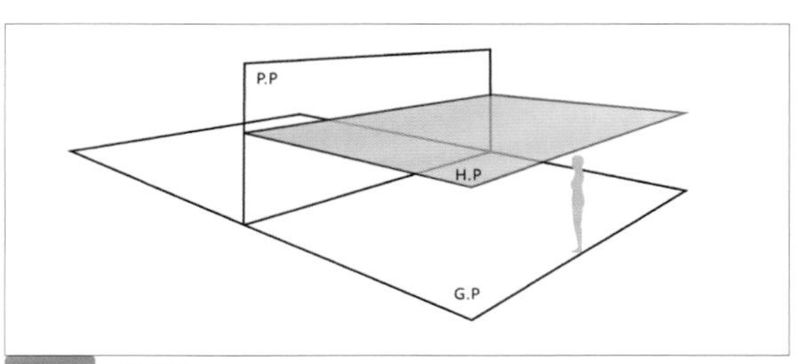

图 3-3 视平面

3.1.4 视平线（H.L）

视平线就是与画者眼睛平行的水平线。视平线决定被画物的透视斜度，被画物高于视平线时，透视线向下斜，被画物低于视平线时，透视线向上斜，不同高低的视平线，产生不同的效果（如图 3-4）。

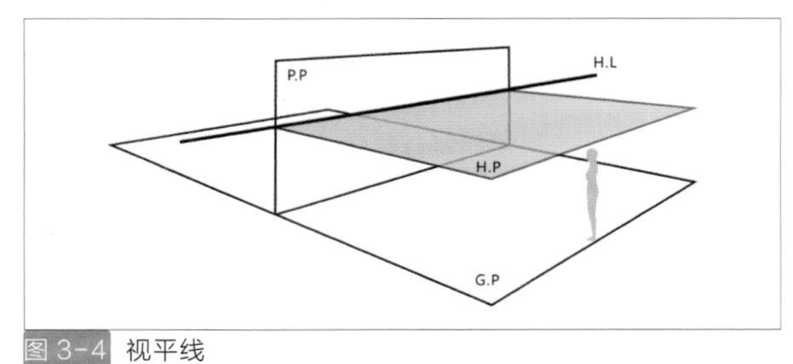

图 3-4 视平线

3.1.5 地平线（G.L）

也可称为基线，画面与基面即地面的交线（如图 3-5）。

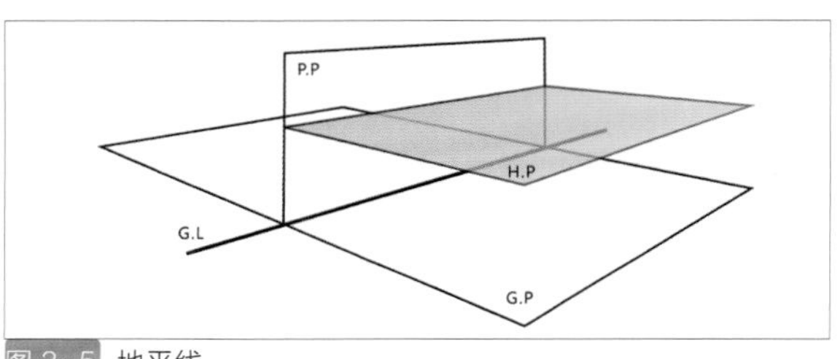

图 3-5 地平线

3.1.6 视中线

视点引向正前方的视线为视中线，即从视点做画面的垂线。视点引向物体任何一点的直线为视线。平视的视中线平行于基面；俯、仰视的视中线倾斜或垂直于基面（如图3-6）。

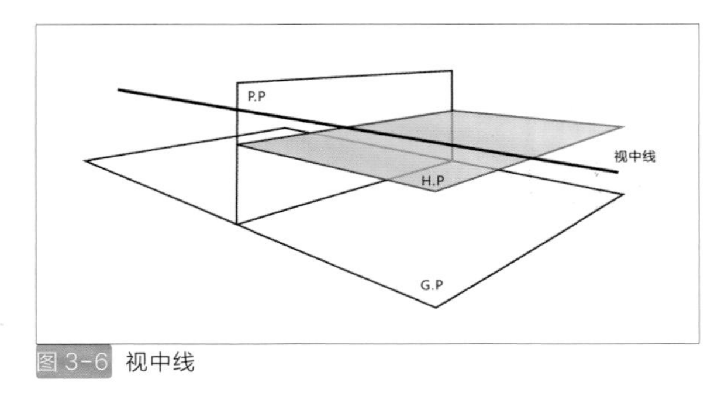

图 3-6 视中线

3.1.7 真高线

在透视图中能反映物体空间真实高度的尺寸线。

3.1.8 变线

凡是与画面不平行，包括与画面垂直的线段的直线均为变线，此类线段在视圈内有时会消失（如图3-7）。

3.1.9 原线

凡是与画面平行的直线均为原线，此类线段在视圈内永不消失。原线按其对视平面的垂直、平行、倾斜关系，分为垂直原线、平行原线和倾斜原线三种（如图3-7）。

3.1.10 消失线

也可称为灭线，变线上各点与消失点连接形成的线段。物体变线的透视点是落在灭线上的（如图3-7）。

3.1.11 视点（E）

画者眼睛的位置即视点，视点决定视平面；视平面始终垂直于画面（如图3-8）。

3.1.12 心点（O）

视中线与画面的交点为心点；心点是视点在画面上的正投影，位于视域的正中点，是平行透视的消失点（如图3-8）。

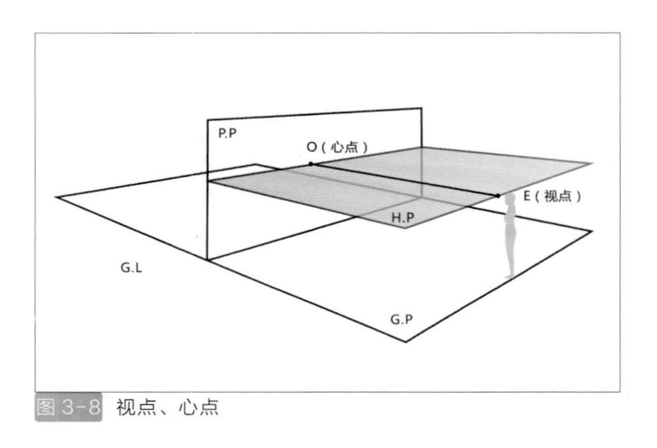

图 3-8 视点、心点

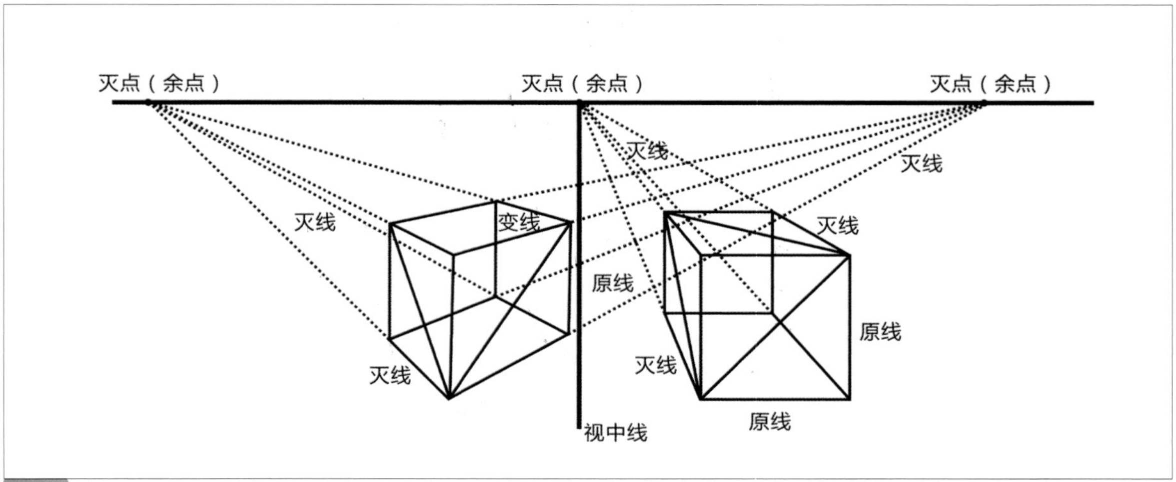

图 3-7 变线、原线、消失线

3.1.13 距点

在视平线上心点两边，两者和心点的距离和画者与心点的距离相等，凡是与画面呈 45° 角的变线一定消失于距点。

3.1.14 余点

在心点两边，与画面除 45°（距点）和 90°（心点）以外任意角度的水平线段的消失点，它是成角透视的消失点。

3.1.15 天点

是近高远低向上倾斜线段的消失点，在视平线上方的直立灭线上。

3.1.16 地点

是近高远低向下倾斜线段的消失点，在视平线下方的直立灭线上。

3.1.17 消失点（V.P）

也可以称为灭点，与画面不平行的线段逐渐向远方延伸，线段之间相互平行，最后消失在一个点，这里的点包括心点、距点、余点、天点、地点。

3.1.18 测点（MP）

求透视图中物体尺度的测量点，也称量点。

3.1.19 视距

视点到画面的垂直距离（如图 3-9）。

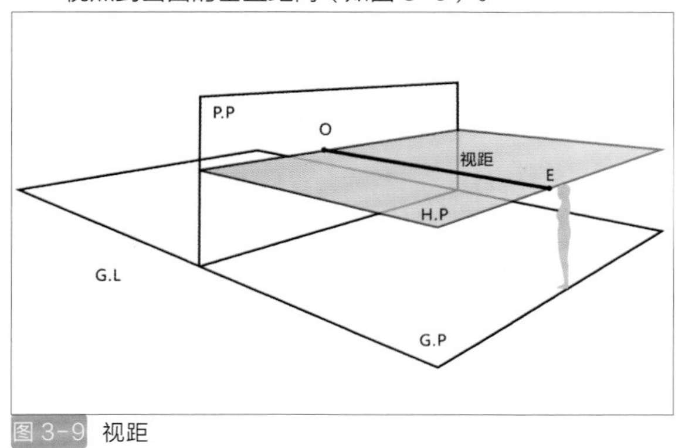

图 3-9 视距

3.1.20 视高（H）

视点至基面即地面的高度，也就是视平线和地平线的距离（如图 3-10）。

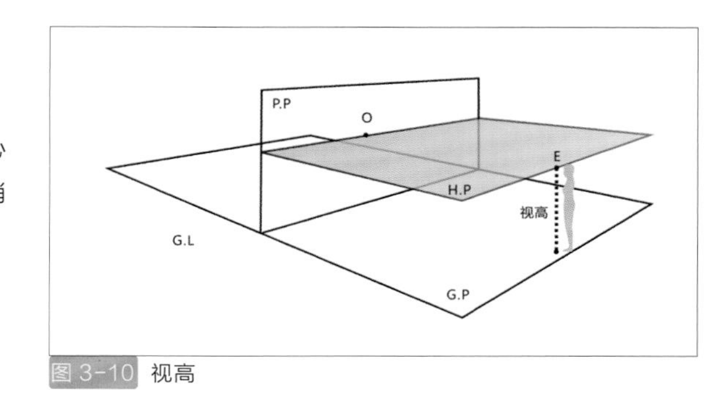

图 3-10 视高

3.1.21 仰视图

视点偏低，视中线偏上（如图 3-11）。

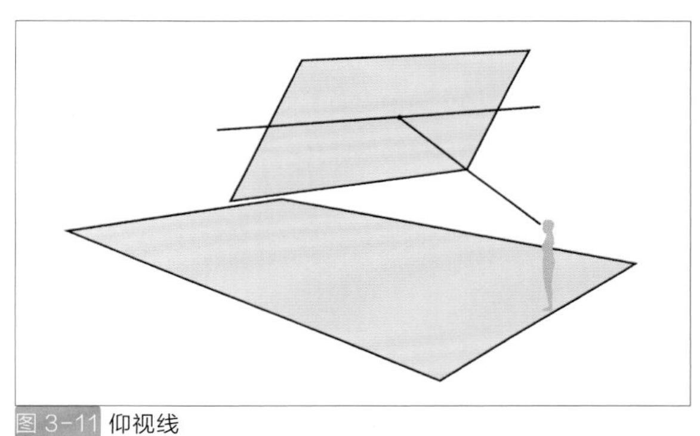

图 3-11 仰视线

3.1.22 俯视图

视点偏高，视中线偏下，便于表现比较大的室内空间和建筑群体，可采用一点、两点或三点透视法（如图 3-12）。

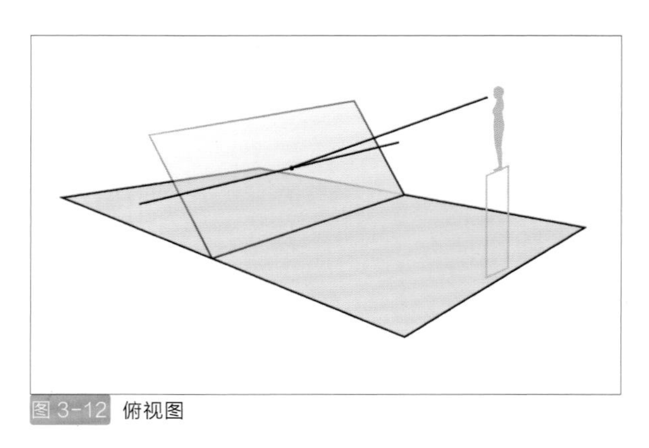

图 3-12 俯视图

3.2 一点透视

一点透视也称为平行透视。当画面中的主要物体的一个面的水平线平行于视平线，其他与画面垂直的线都消失在一个消失点，所形成的透视作为一点透视。一点透视比较适合应用于较大的场面，表现场景深远，呈现庄重、稳定、严肃的画面感觉。缺点是构图对称、呆板。

在只有一个物体时，一点透视图所能表现的范围，如图3-13-1所示：由A面和B面来看，视点在物体的左方、右方、中间三种不同的位置时，这种透视图可以被画出来；若再依眼睛的高度来看一个面，所能描绘的透视图，则共有九种，如图3-13-2。

图中1是视点在物体的中心位置，这是一点透视图的基本构图。这种构图可以表示五个面，因此建筑物的室内透视图常使用此方式。

图中2、3、9是视点在物体下方的例子，要描画比眼睛更高位置的物体时，这种构图最实用。而图中4、8、1，视点位在眼睛的高度，当物体往左或往右移动时，这种构图最适合使用。视点在物体上方，即物体在眼睛高度下方时，最适用的构图为图中5、6、7。

一点透视在绘画中应注意以下几点，首先视点的选择应符合人体视点的高度，一般应选择1300mm~1800mm之间。其次，视点的位置不宜太偏向一侧，才能保持画面效果的均衡。再者作透视的辅助线画得应清晰、肯定。画面里细节物体的透视关系要准确，注意三种方向的线，一是平行于视平线的线，二是所有垂直于视平线的线，三是所有消失于消失点的线。一点透视原理可归结为建筑物由于本身与画面间的相对位置的变动，它的长、宽、高三组主要方向的线，与画面不一定平行，如果建筑物的其中两组主向线平行于画面，则这两组线的透视没有灭点，而第三组线必然垂直于画面，它的灭点就是心点s°（如图3-13）。

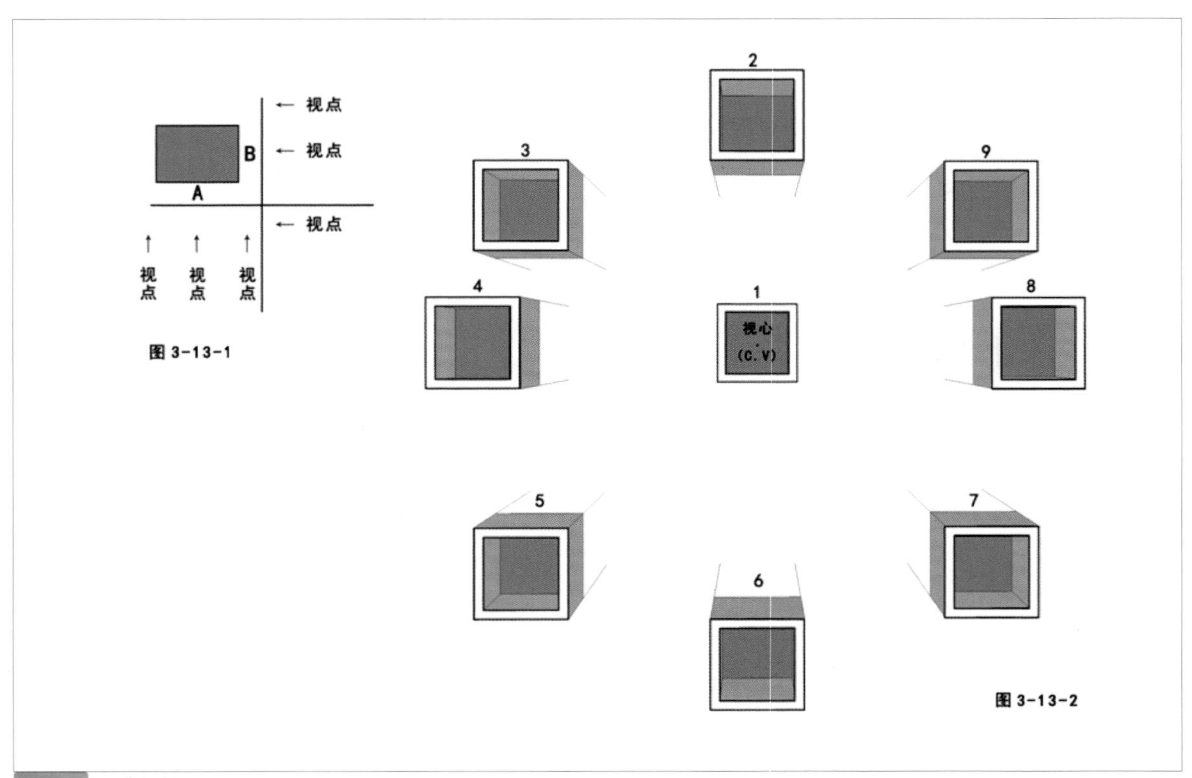

图3-13 一点透视

3.3 一点斜透视

一点斜透视也可称为平角透视。所谓的平角透视是介于一点透视与两点透视之间的一种透视方法，它是在一点透视的基础上表现两点透视效果的作图方法。其特点是在主视面与画面形成一定的角度，并平缓地消失于画面很远的一个灭点（V.P），类似于两点透视的特征。而两侧墙面的延长线则消失于画面的视中心点（CV），类似一点透视的特征。因此这种既是成角又近似平行的透视被称为平角透视。在实际设计活动中，一点透视相对稳重，构图看上去比较呆板，两点透视难度较大，容易变形。而平角透视在构图上比一点透视更为生动，画面结构上更显丰富，比两点透视更容易把握，因此在作图上更为应用广泛。

一点斜透视的透视基面向侧点变化消失，画面当中除消失心点外还有一个消失侧点；所有垂直线与画面垂直，水平线向侧点消失，纵深线向心点消失；画面形式相比平行透视更活泼更具表现力（如图 3-14）。

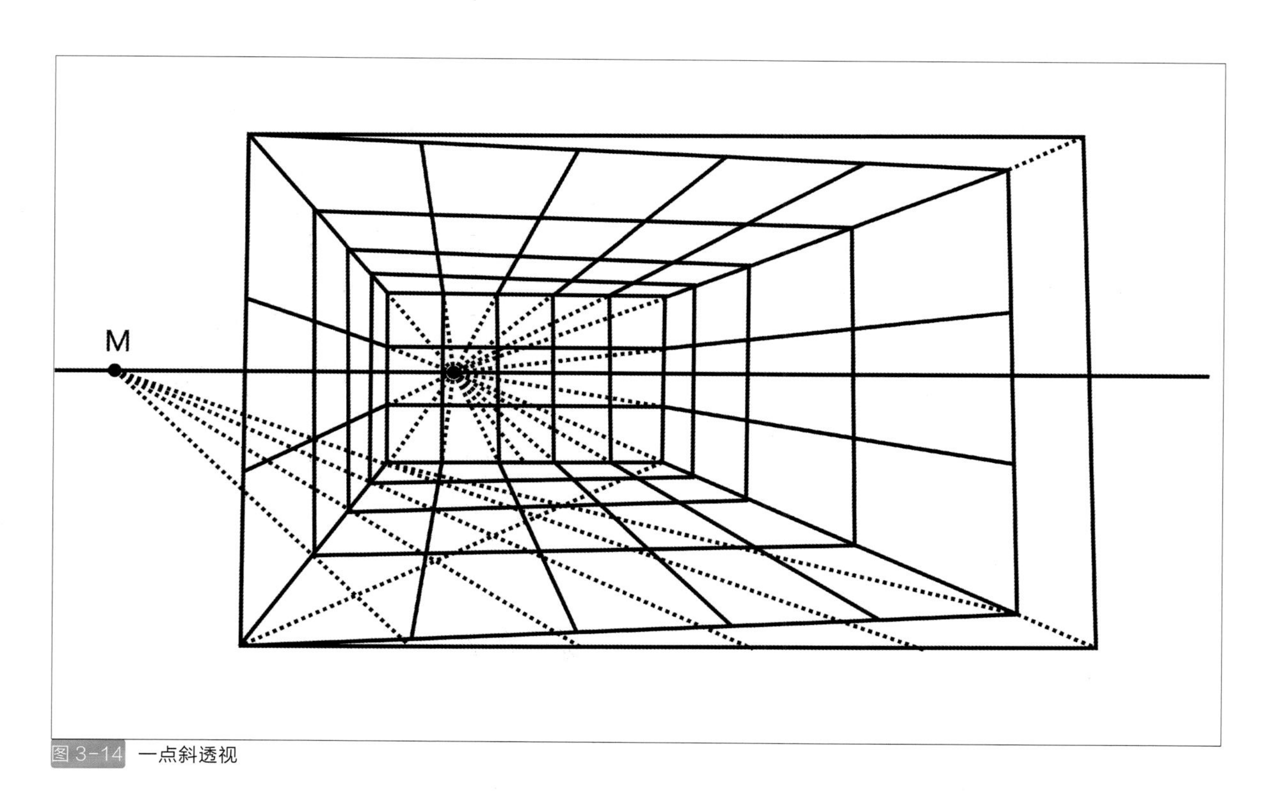

图 3-14 一点斜透视

3.4 两点透视

两点透视也称为成角透视。当画面中主要物体的垂线仍然垂直，且互成直角的两组水平线倾斜并消失于两个消失点时，称为两点透视。运用两点透视进行建筑速写，容易组织构图，画面效果比较生动、活泼、自由，能够直观反映空间效果，接近于人的实际感受。但是构图与透视角度的选择要谨慎，掌握不好容易产生变形。 两点透视的两个消失点一定要在视平线上。在画建筑单体时，有时为了画面需要夸张透视效果，形成不同的透视关系，增强画面的形式感。把两个消失点设置得离画面远一点，是避免透视变形、错误的有效方法。

两点透视是常用的作图法，它能表现物体的立体效果和各种变化。使用此图法时，由于要描画物体的宽度面和深度面的关系，使各面称为透视面，需要宽度线的消点和深度线的消点。

作图时可以考虑如 3-15-2 所示的范围，但其中以连接 V.P1 和 V.P2 的水平线为直径，形成的圆之内侧范围所构成之透视图，才是自然的构图。视点（E.P）在圆周上移动时，宽度面和深度面的比率会有所变化，虽然水平线的高度一定，但由于物体高低位置的变化，物体上方和下方的视觉就会产生变化；如果把物体放置在圆的外侧来做圆，则宽度面和深度面成直角的物体，在视觉上就没有直角感；看起来时歪斜的。图 2 中，最自然的构图是 1、2、3，也是维持自然构图的界限。

倘若物体的宽度面或深度面作图者的中心视线垂直，物体线就不会产生消点，而变成平行线，如此就变成一点透视图了。因此，两点透视图的物体必须在和视点位置呈非垂直的条件下才能成立。

为了固定两点透视图的自然角度，通常以消点的水平线和视点的视线所产生的角度 45°、45°、60°、30°、75°、15° 的情况下来作图。以图 3-15-2 所示的范围来描画透视图时，物体和作图者的平面位置关系，就如图 3-15-1 所示（如图 3-15）。

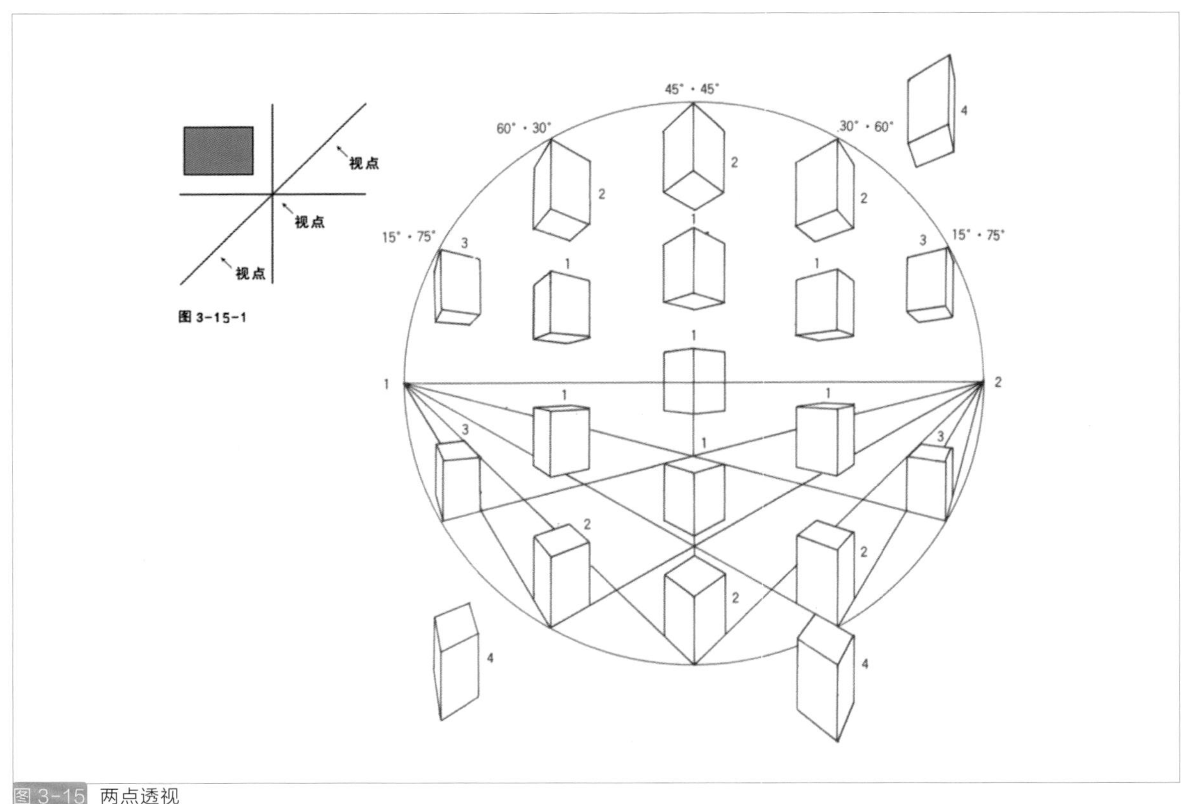

图 3-15 两点透视

3.4.1 两点透视视线作图步骤

第一步先画一个立方体的平面图交视平线 H.L 于 C 点，从 C 点向下作垂线并任取一个视点 E0，从 E0 任意作两条斜线交 H.L 于 V.P1、V.P2，然后从 E0 引线连接 A、B 点，交 H.L 于 D、E。在视点 E0 与视平线 H.L 之间定出基线 G.L，把立面图放置在 G.L 上（如图 3-16）。

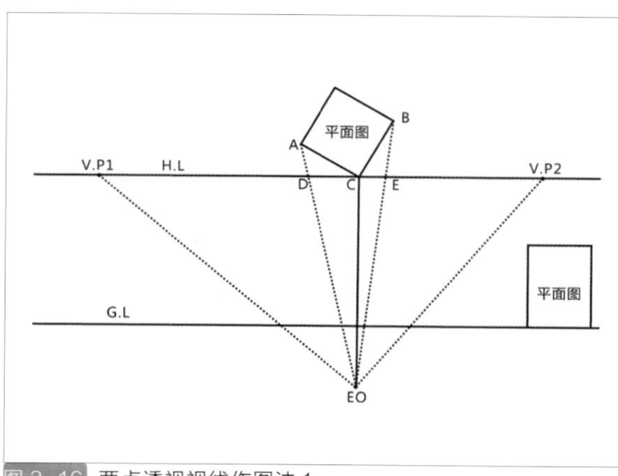

图 3-16 两点透视视线作图法 1

第二步，从立面图引真高线交 C-E0 线与 F 点，同时从 D、E 点向下作垂线与 F-V.P1 和 F-V.P2 相交，连接这些交点并做透视线即求出该立方体的两点透视（如图 3-17）。

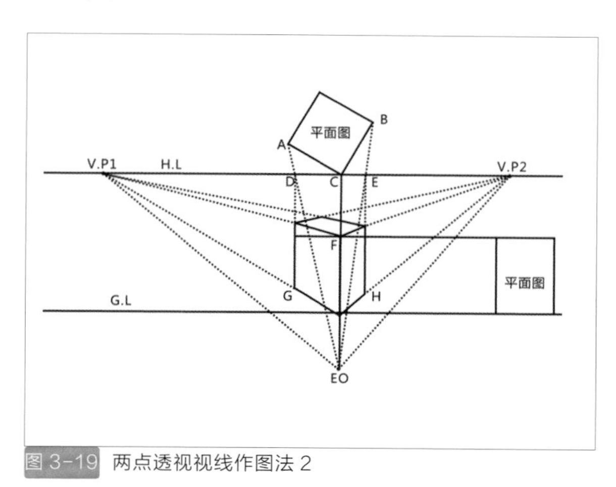

图 3-19 两点透视视线作图法 2

3.4.2 两点透视网格作图步骤

以一长 5000mm、宽 4000mm、高 3000mm 的房间为例做室内两点透视图的绘图步骤。第一步，按比例画出高为 3000mm 的墙角线 AB（真高线），在 AB 上距离 1.6 米处画出视平线 H.L，并任意确定灭点 VP1、VP2，画出上下墙线。以 V.P1-V.P2 为直径画半圆，交 AB 延长线于 E0。然后分别以 VP1、VP2 为圆心，各点到 E0 的距离为半径画圆，分别叫 H.L 于 M1、M2（如图 3-18）。

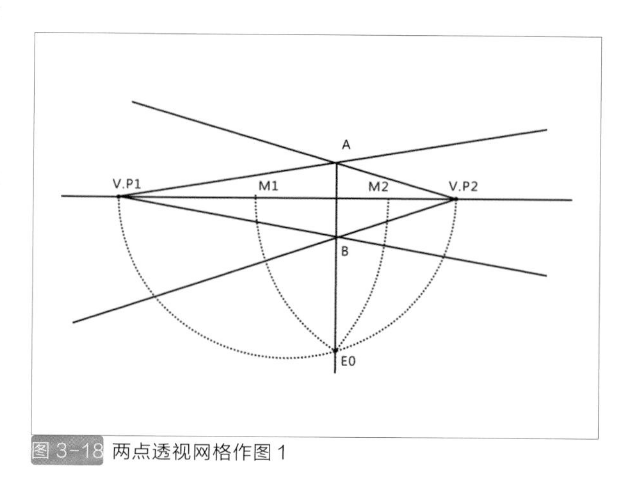

图 3-18 两点透视网格作图 1

第二步，通过 B 点作平行线即基线 G.L，在基线上按比例分出房间的尺度网格 5000×4000，分别置于 AB 的左右两侧。从 M1、M2 引线各自交于左右两侧墙线。交点就是透视图的尺度网格点。通过这些点分别向左右灭点引线即求得了该房间的透视网格，在 AB 上量取真实高度便可做出室内两点透视图（如图 3-19）。

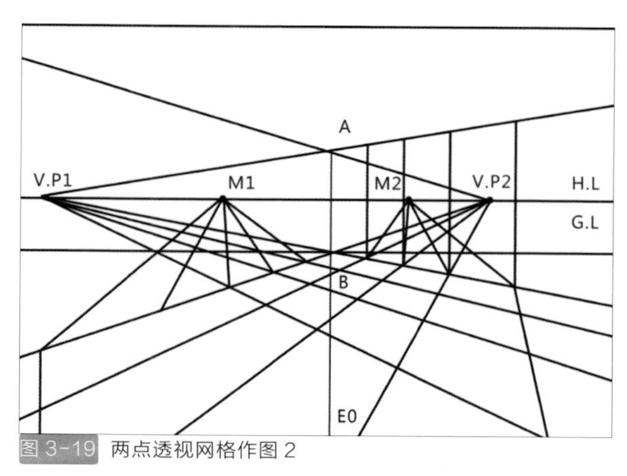

图 3-19 两点透视网格作图 2

3.4.3 两点透视量点作图步骤

假设建筑物长 3 米，宽 2 米，高 2 米，以此为例做建筑两点透视图。第一步，选择建筑平面中的一个直角，与画面（P.P）相交于 O'。以 O' 为圆心旋转所要表现的建筑主立面，并确定视点 E_0，得到理想的透视角度。在透视作图面上确定视高，得到 G.L 和 H.L。通过视点作平行于建筑边缘的两条线，交 P.P 于 V.P1' 和 V.P2'，分别从这两个点向下引垂线交 H.L 于 V.P1 和 V.P2。从 O' 作垂线交 G.L 于 O 点，连接 O 与 V.P1 和 V.P2（如图 3-20）。

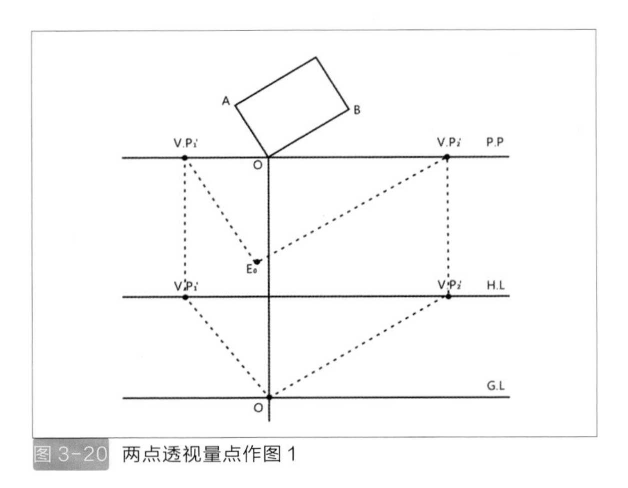

图 3-20 两点透视量点作图 1

第二步，以 O' 为圆心，O'A 和 O'B 为半径画圆，在 P.P 线上交得 A0 和 B0，同样，分别以 V.P1’ 和 V.P2’ 为圆心，以各点到 E_0 的距离为半径画圆，在 P.P 线上就求得了量点 M1 和 M2（如图 3-20）。

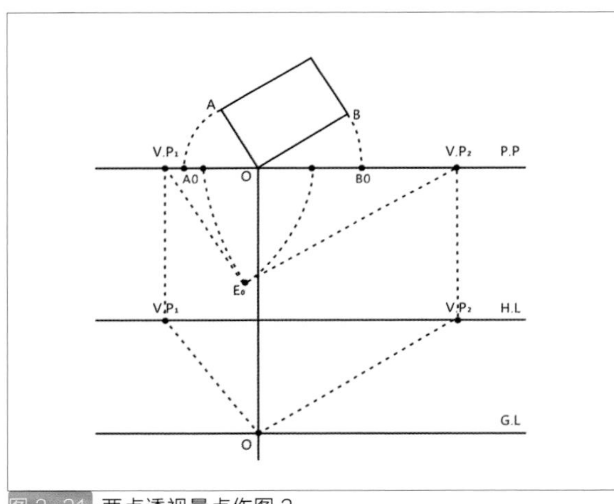

图 3-21 两点透视量点作图 2

第三步，从 A0 和 B0 作垂线，在 G.L 上交得 A0 和 B0，同样在 H.L 上求得 M1' 和 M2'。连接 A0 和 M2，与 O-V.P1 交于 A 点，同理求得 B 点。画出建筑立面图并置于 G.L 上，从立面图引真高线交 O-O' 于 C 点，OC 即为该建筑透视图中的真高线。从 C 向 V.P1 和 V.P2 连线做出透视线，分别与 A、B 点的垂线相交，连接这些交点就做出了建筑的俯视角度透视图（如图 3-22）。

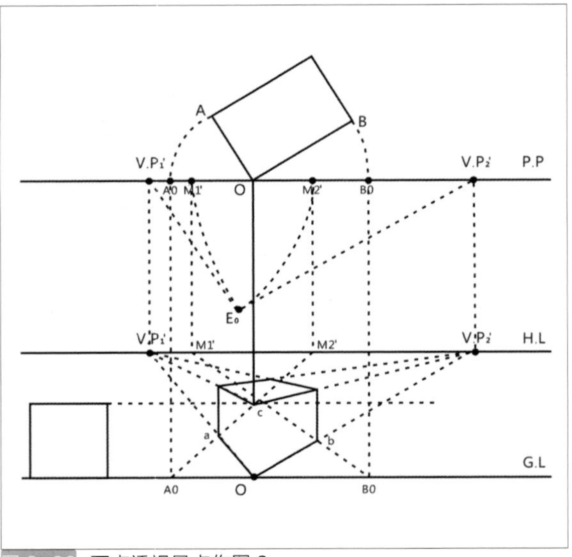

图 3-22 两点透视量点作图 3

第四步，求出建筑的仰视透视图。拉高基线，调整与视平线的高差，画出 G.L' 线，在 G.L' 线上搁置立面图，从立面图引真高线并与灭点 V.P1 和 V.P2 连接，得到建筑的透视线，这些透视线与 A、B 点引出的垂线相交，并连接这些交点就得出了该建筑的仰视透视图（如图 3-23）。

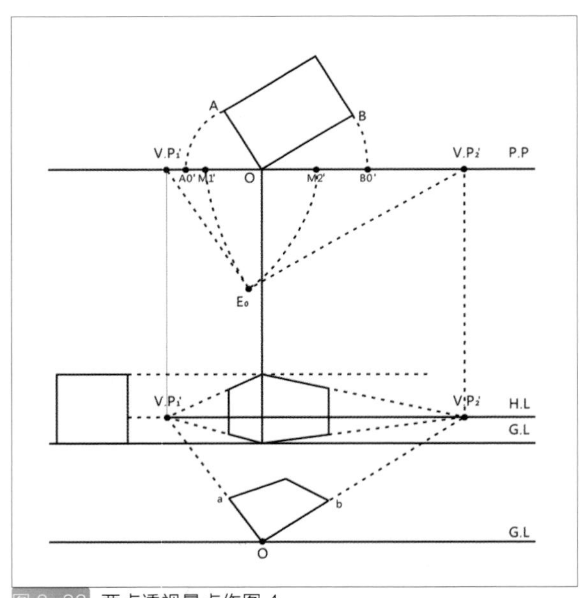

图 3-23 两点透视量点作图 4

3.4.4 两点透视快速作图步骤

第一步，绘制一条水平线，确定为视平线 H.L，在 H.L 线上画一条垂线 AB，并在 AB 线的两侧，H.L 线上一远一近确定两个灭点 V.P1 和 V.P2，从 V.P1 向 A、B 点分别引线并延伸，同样由 V.P2 向 A、B 点引线并延伸，这样就画出了地面线及天棚线（如图 3-24）。

第二步，由天棚线向地面线作两条垂线 DC 和 EF，确定 DC 线和 EF 线位置的原则为使 ABCD 和 ABFE 在视觉上看起来像两个相等的正方形。平分 AB 四等份，再通过这些等分点向 $V.P_1$ 和 $V.P_2$ 连线，与 ABCD 的对角线交于 1、2、3 点，过这些点作垂线与 BC 相交，从 $V.P_2'$ 点向这些交点引线并延伸；同理求得 BF 线上的交点，得出一个正方体的透视网格（如图 3-25）。

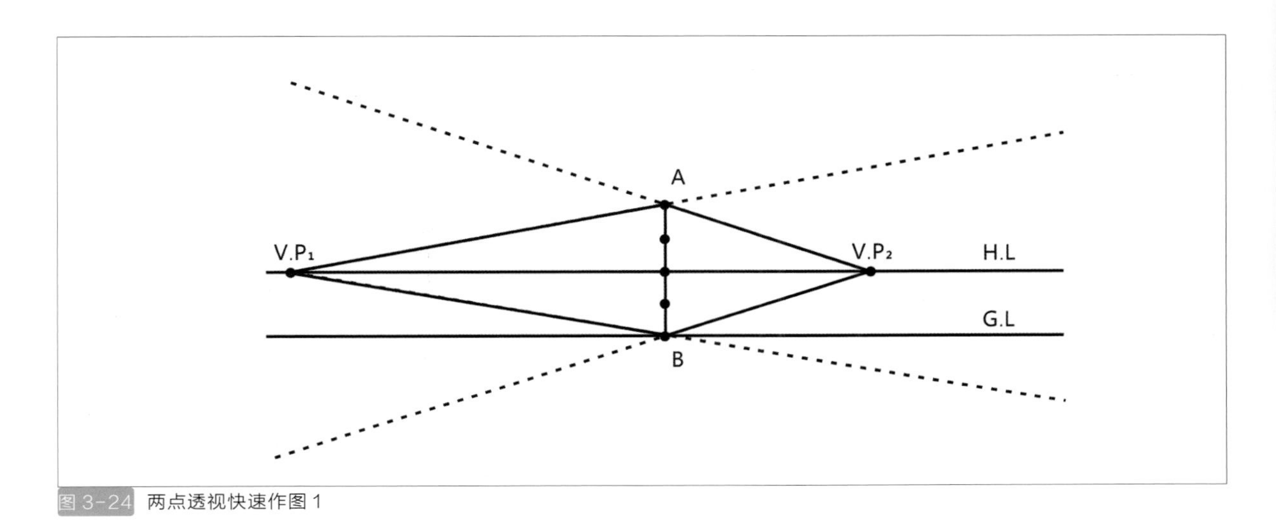

图 3-24 两点透视快速作图 1

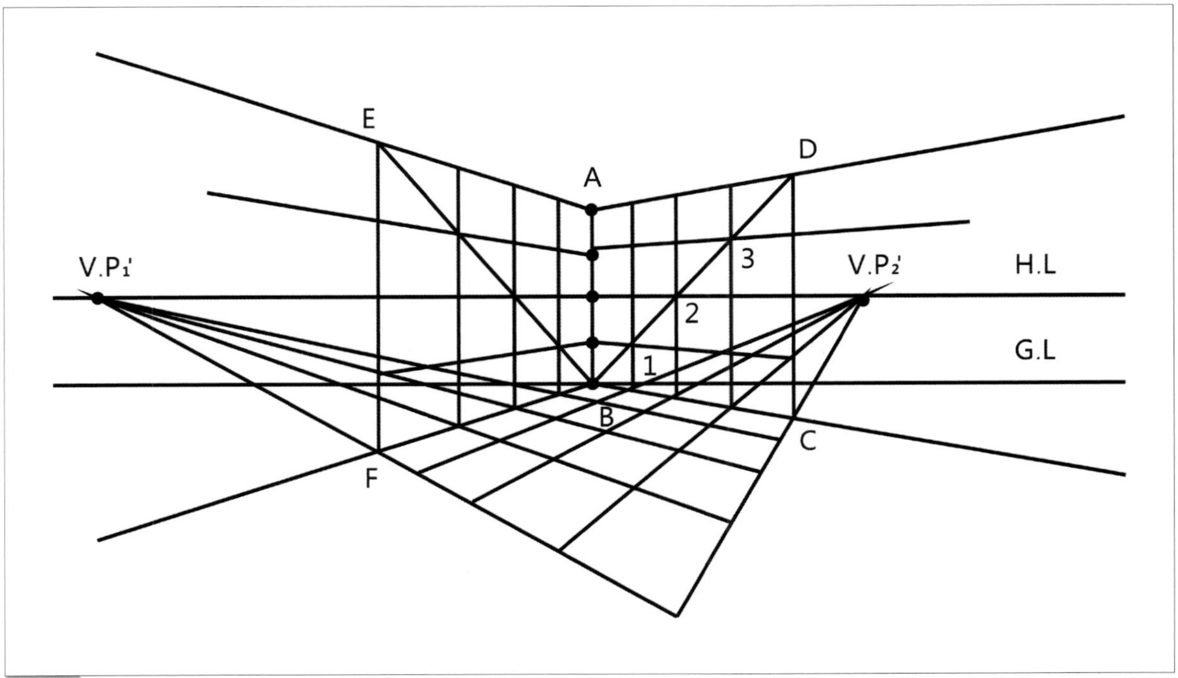

图 3-25 两点透视快速作图 2

04

构图

构图是指手绘效果图的各个组成部分在形式内容上的具体组织与安排，决定着手绘效果图作品在视觉传达上给观者的直接印象。

4.1 构图要素

这三者结合起来构成了笔者与绘画对象以及画面之间完整关联。其中人眼即视点的位置选择对于画面有着比较重要的意义。根据视平线位置的变化、视角与视野的角度选择以及灭点的确定，即使同一场景表达也会呈现出不同的画面效果。

4.1.1 物体

在空间环境设计当中解释为场地，即设计对象。它是空间和面之间的联结，是空间和形态造型的研究对象。物体在画面中最终体现为造型，造型必须在所有比例的平面上，通过模型和手绘图的帮助发展出来，并用模型和手绘图的成果加以表现。模型与手绘图是方案三维“现实”模拟的重要辅助手段，也是手绘效果图构图的基础图形，其形态会对后期的构图的审美有直接的影响。

4.1.2 空间

空间是对物体（场景）竖向设计建立起来的架构，简而言之就是组合我们平时的生活环境（如图 4-1）。

由于存在着设计空间环境、空间秩序这样的空间表达任务，创作者需要先在脑海里就空间环境构思出方案的草图。在方案设计过程中，为了能达到设计者的目的，在表达概念草图时，就需要尝试多种表达空间方式，并注意构图的审美问题。为了更好地表达空间，设计者必须更好地了解物体（场景）和立面图的高度、深度形式和比例尺度，通过一定形式把平面和立面有机联系起来，形成一幅三维的立体空间效果图。

4.1.3 眼睛（视点）

视点是空间表达的前提。它会直接影响所表达的物体（场景）的空间效果图，其像相机取景一样，随着位置不同所得到的空间景观也有所不同。此外，随着我们与物体距离的变化，画面呈现缩小（拉远）或者放大（拉近）的效果，在实际的设计过程中，绘图者可以根据需要选择物体是表现的对象，它决定着画面的内容；空间是在表现对象的基础上进行画面表达而所得到的场景，其丰富性取决于物体；眼睛也就是视点，观察视角，从摄影的角度来说它就是取景。取景的好与坏决定着画面的成功与失败，它们彼此是相辅相成，相互联系的（如图 4-2）。

（1）视平线

观察物体时，由于人眼所在观察位置的高低、左右方位不同，所得到的透视图形及表现范围也会不同。视平线的高低一定程度上决定了一幅手绘效果图表现的成败，技法运用再好，如果视点选择不当，也不能得到理想的展示设计效果。因此视平线的位置会影响构图形式，也直接影响到画面的物体的大小关系。

（2）视角和视野

视角就是观察者观察物体的最大范围所形成的角度，视野就是观察者所观察到物体最大区域。这两者会直接影响到

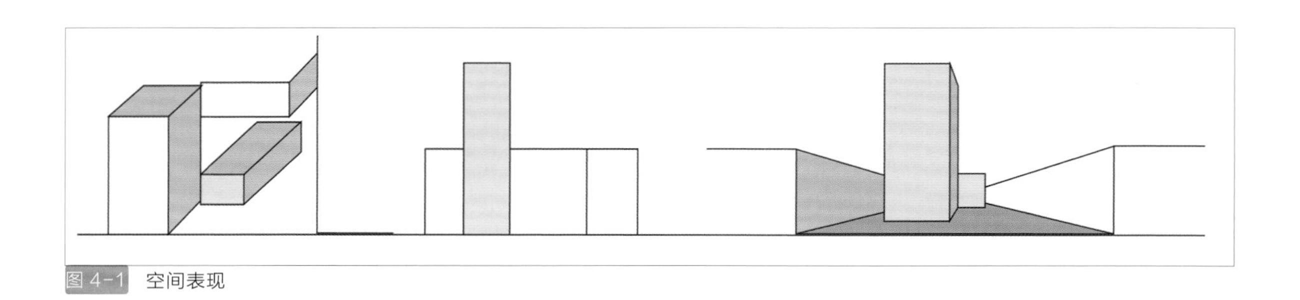

图 4-1　空间表现

画面主体的表现力度。

（3）灭点的位置

灭点，称为“消失点”，是空间中相互平行的变线在画面上汇集到视平线上的交叉点。灭点的位置也是影响构图的因素之一，灭点的不合理会直接导致画面主体严重变形，对画面产生不利影响。

灭点的位置与观察者离物体的距离有关。观察者离物体的距离越近，灭点向画面中间移动得越近，反之亦然（如图4-3）。

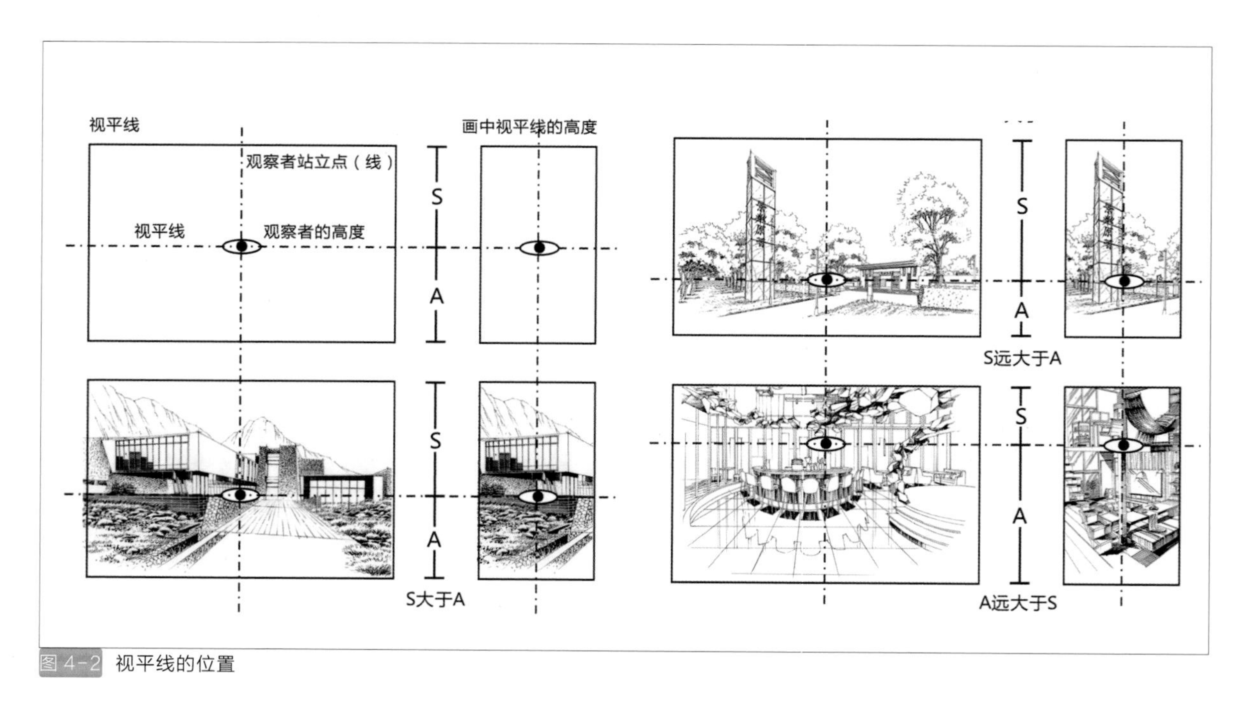

图 4-2 视平线的位置

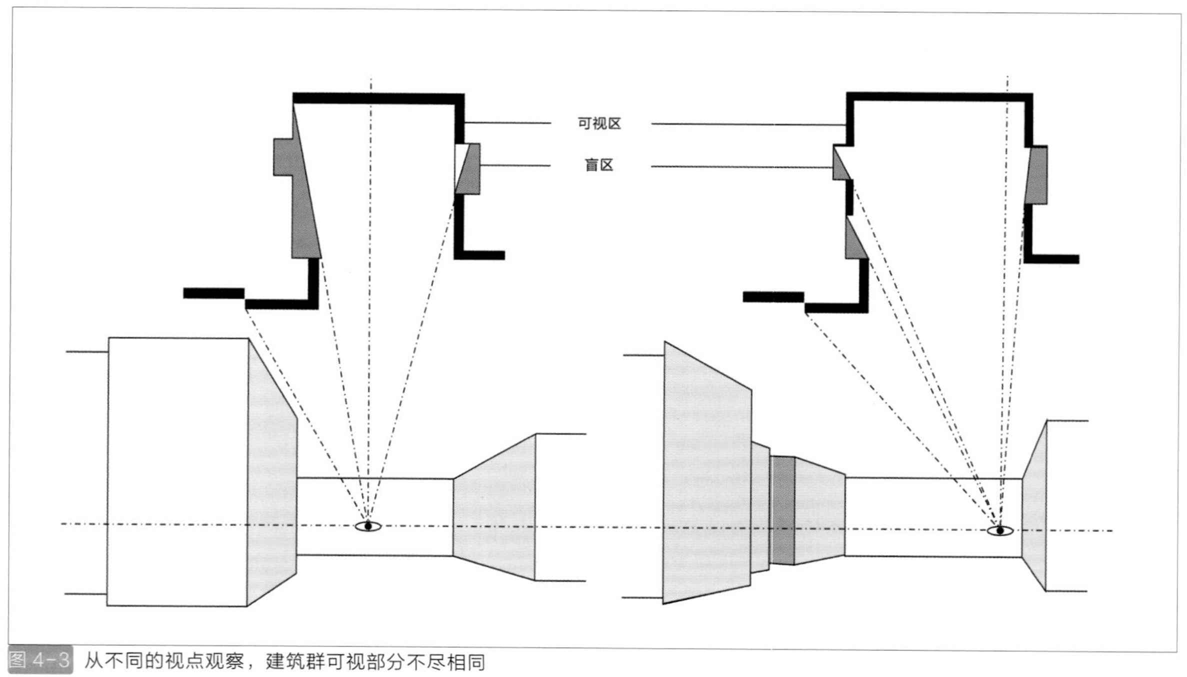

图 4-3 从不同的视点观察，建筑群可视部分不尽相同

4.2 构图规律

构图是画面的组织形式，带给人视觉冲击和不同的心理感受，构图美的法则种类多，变化微妙，但它也有其构图规律。

4.2.1 比例

平面图、立面图的表现对于环境空间要求并不是很高，它们是按照一定比例缩小绘制而成，是二维的图形；空间环境表现是三维空间， 图景的比例在画面构图中是非常必要的。要体现空间环境的比例可以场景的人作为标杆，确定图中景物的尺度关系和正确的比例关系：

首先将离观察者尽可能远的面 A 作为基准面，由此可以从观察者的视角来确定远近关系（如图 4-4），并同时设定出最终画作是专注细部（近）还是整体图景（远）。从画面中的其他部分就能通过透视线向观察者的方向以投影的方式画出来（注意透视缩短和比例）。其次是人们将离观察者最近的面 B（如图 4-5）作为比例的出发点，然后通过从观察者的位置向纵深方向延伸的透视线来完善画面。图示空间表达的建立步骤。

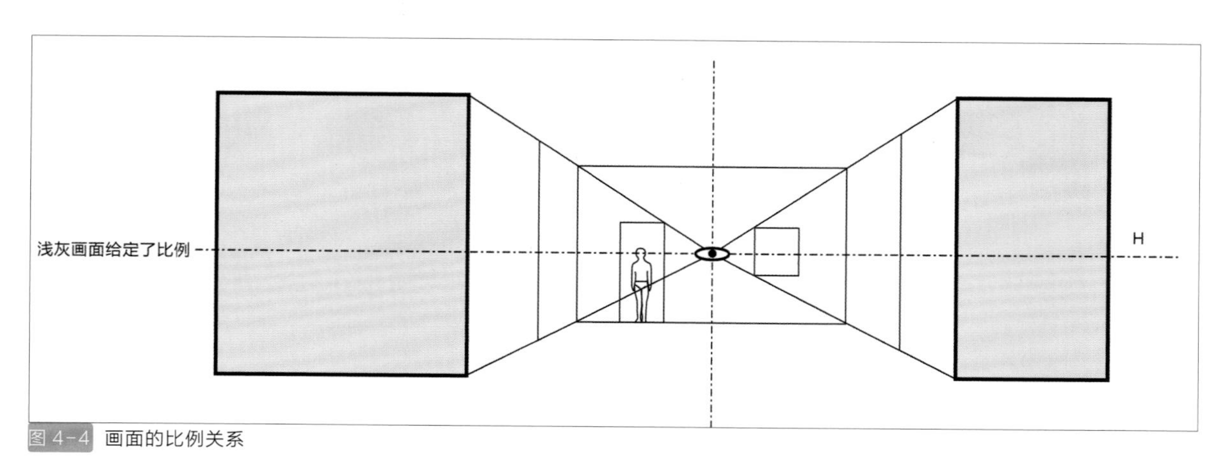

图 4-4 画面的比例关系

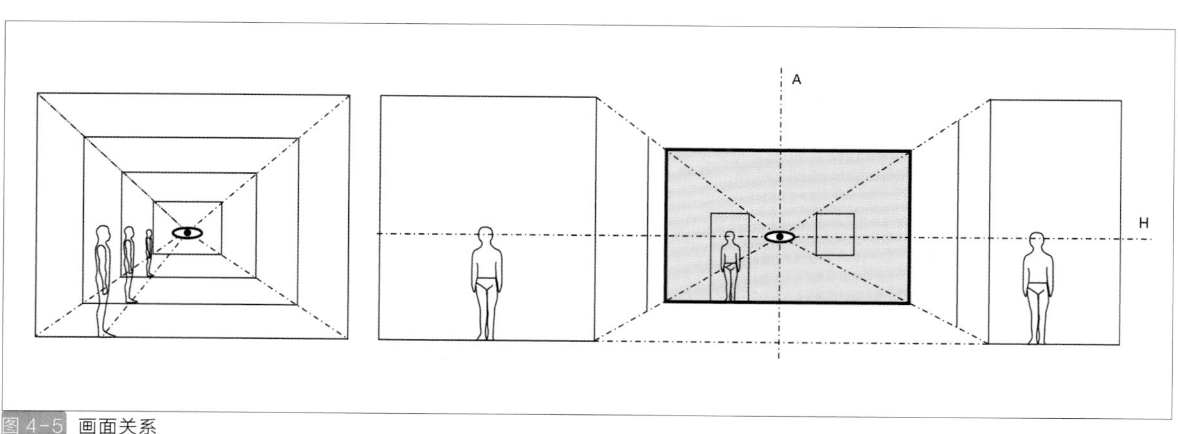

图 4-5 画面关系

4.2.2 取景

构图的先决因素是取景（图 4-6），也就是初级构图的概念，简单来说就是选择一个合适的站点观察场景以得出最佳的视觉效果。其实取景没有对与错，只有更好的视觉效果。取景构思需要把握几个原则：首先是明确主体的概念。每一幅手绘作品都有表现的主体内容，取景应考虑主体内容的尺度和范围，才能确定比较合适的观察距离。下一步就是视觉角度的调整，此时要考虑的是表现形式（平行透视和成角透视），可以权衡哪种透视适合画面，接下来就是在透视的基础上对画面进行角度适量调整，以得到更好的效果。

另外密度也影响构图取景的因素，密度是针对画面而言，主要体现在表现内容的集中性和连贯性上，应尽量避免内容过度分散、密集或杂乱无序。

总体来说，取景是视觉范围的体现，是构图的前奏，但不能代替构图。取景是一种场景构思的形式，对构图有所影响；要把握好构图的形式就得进行设身处地的考虑并具有良好的立体形象思维的能力（如图 4-6）。

图 4-6 取景关系图

4.2.3 景深

景深在画面里指的是纵深范围，另一种概念是指从视觉出发点到画面所能表现的“尽头”之间的距离。景深的选择是在视域范围作为取景的前提，更多地取决于透视形式，因此它不能作为取景和画面构成的首要构思依据。要把握景深的关系得从客观和主观这两个方面入手。

（1）景深的客观体现

景深的客观体现属于景深形式的概念，是表现内容的客观现实，主要有三种：完全景深、封闭景深和主次景深。它们目的是强调画面的内容，丰富构图的形式。

A. 完全景深

完全景深是画面内容在尽头呈现自然消失的景深状态，有很明显的消失方向，多用于没有明显的遮挡物的大场景表现（如图 4-7）。这种景深关系的主要特点在于它较为擅长表现画面整体的纵深感、空间感，因此常被用来表现景观环境类设计场景。

B. 封闭景深

封闭景深关系是将所要表达的内容在取景视域范围内贯通表现，使整个画面并无明显的自然消失感，这种表达方式多应用于建筑体的手绘画面表现（如图 4-8）。

C. 主次景深

主次景深的画面以主体内容表现为核心，同时也有自然消失的景深作为空间效果的陪衬，形成明显的主次关系。它的特征是画面感强，视觉结构完整，主题明确，适用于景观建筑类手绘的大部分场景表现（如图 4-9）。

图 4-7 完全景深

图 4-8 封闭景深

图 4-9 主次景深

图 4-10 景深层次

（2）景深的主观体现

景深的主观体现即景深的可变性，也可以理解为景深层次，这是对景深客观内容的主观处理，需要调动主观意识，也就说景深主观意识可以分为三个层次：近景（黄色区域）、中景（橙色区域）、远景（红色区域）（如图 4-10）。

近景指的是画面中距离站立点最近的一个区域的表现。区域表现的主要目的是丰富画面中的一些局部细节，增强画面局部的表现力，使画面效果更加细致、生动。因此在近景中可使用一些配景填充，如人、植物等。近景可以增强局部的可视性及空间的景深感。

中景区域画面内容距离取景站立点有一定的距离，这部分往往是画面所要表达的核心内容，表达对象通常就是手绘画面中的主体。所以对这部分的刻画需要保持客观真实性，尊重方案的设计思想，准确清晰地表达方案内容，并不需要像近景那样细致刻画。

远景在画面当中通常被处理为虚化效果，所占的篇幅也是最少的。主要目的是进一步增强画面的进深层次感，同时将画面的空余进行适当填补，使画面效果更为完整。这部分的表现主要强调概括性（如图 4-10）。

在实际的画面表现中，这几部分所占的比重可以根据具体需求进行调整，没有绝对的比重关系。并不是说中景一定就要占最大篇幅，近景一定要比中景的表现范围小，有时为了配合方案表达，也可以强调近景的细节表现。

景深层次在画面构图中扮演着很重要的角色，因为它体现的是画面纵向的尺度感，就是指画面效果的整体进深空间感。有时仅仅只凭借近景、中景及远景的虚实表现不足以将空间的进深感表达完全，此时我们可凭借一些画面中的线索来增强视觉上的进深感，如道路、河流、桥梁等，远些因素会产生一定的视觉导向性，使整个画面的空间感更强（如图 4-12）。

图 4-11 通过道路强化空间感

图 4-12 通过水流强化空间感

4.2.4 比重

构图比重是表现画面中有轻有重、有疏有密的节奏关系，从而使画面达到生动、自然的效果。构图比重可平衡画面上下和左右方向的比重关系。手绘表现的画面比重有一定的规律存在。

（1）上下比重

所谓画面的上下比重关系，指的是地平线以上的部分与地面部分的比重关系。在大多数景观建筑类设计手绘中地平线往往被表现在画面的中下部，大致的常见比例为 3 ：2，这个比例比较符合人类正常视觉高度的，它可以使整体画面效果更加稳（如图 4-13）。

（2）左右比重

手绘表现构图中的左右比重是由取景时所选的视觉站立点决定的，同时也与透视关系有着一定关系。在画面中，表达内容的比例通常会倾向于视觉站立点偏向的那一侧，该侧的内容尤其是配景的表现密度要相应增多，加大这一侧的体量表现，强调对近景的刻画。同时，要缩减另一侧所占的画面空间范围，这样就可以使画面消失的方向占有较多的画面篇幅。这种由视觉站立点决定的画面比重关系可以使画面效果保持一种视觉上稳定而平衡的关系，以免画面内容出现失衡的问题，同时为接下来的构图留有加工的余地（如图 4-14）。

（3）比重调节

比重主要体现在画面内容的体量和疏密上，直接影响景深处理，特别是近景的表现。构图比重的调节度对画面构图影响是很重要的。在构图比重的调节过程中，涉及了画面的取景范围、透视形式、景深层次及表现手法等多方面的问题，因此，在构图比重的调节中最重要的是平衡整个画面布局的结构。有时，为了打破一些呆板的画面布局，我们可以利用一些配景来调节画面，适当使画面结构松散一些，打破原本的僵局，做到有松有紧、有零有整，使整体画面表现富有节奏感。

在画面比重调节中最大的难点就在于维持画面结构的视觉平衡。我们在表现手绘画面时，既不能让某一侧的比例过重，也不能让画面比例呈现绝对均衡。在画面比重的调节上只有根据方案具体内容灵活变通，适时添加配景烘托气氛，才能得到生动、自然的画面效果。

图 4-13 上下比重

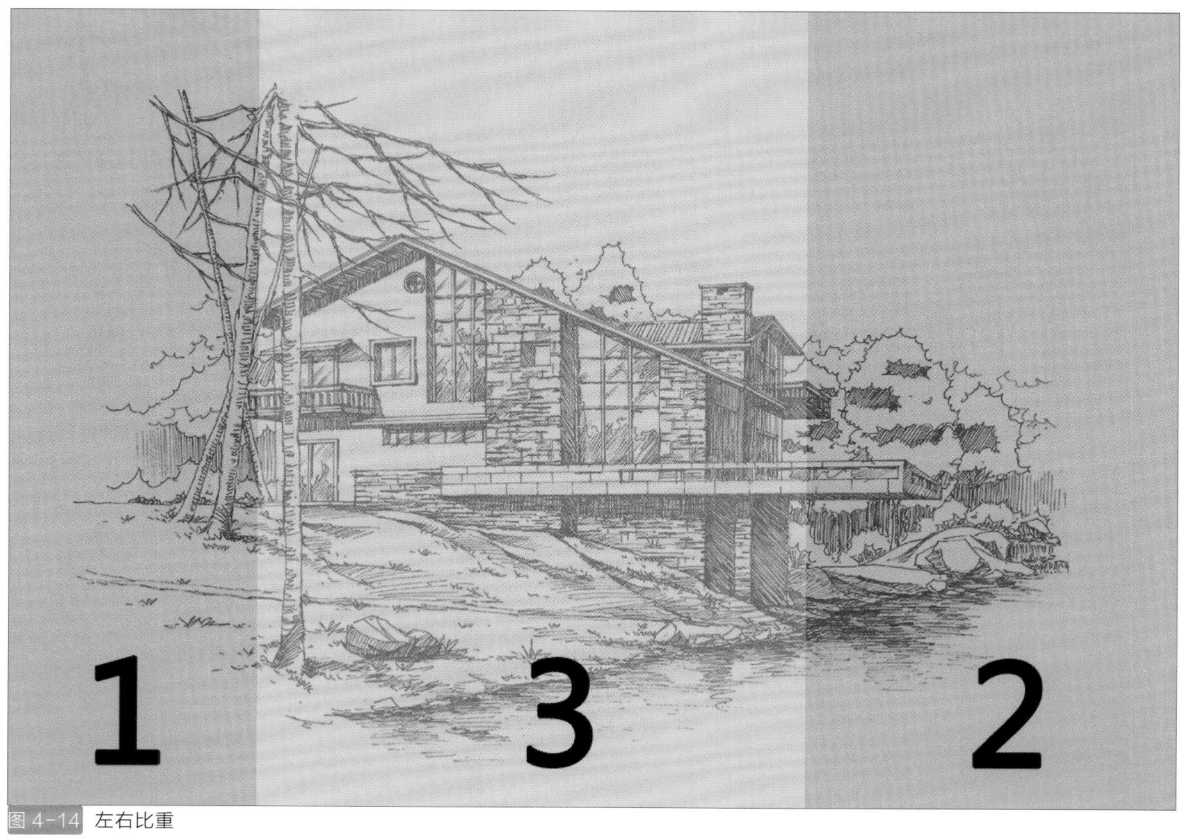

图 4-14 左右比重

4.2.5 构图形式

手绘效果图的构图形式主要可以归纳为三种：向心构图、分散构图和平行构图。

（1）向心构图

即主体位于画面中心位置，其他内容呈向心状簇拥在它周围（如图 4-15），起到烘托整体画面气氛的作用。向心构图要求画面中的景深层次关系清晰，画面的比重关系也很重要。这种构图形式较为适合表现封闭的单体建筑或者小型室内空间。

（2）分散构图

分散构图又叫作透视构图，即以透视消失方向为依据而设置的画面构图形式。

分散构图更注重于强调整个画面的景深空间感及景深关系，要求画面内容层次丰富。在整体画面表现上，其透视的消失方向主导了整个画面的视觉走向。这种构图形式主要以一点透视的方式来表现，表现出秩序、平稳的视觉特征。为了丰富画面效果，有时也会采用简易的两点透视作图。常用于强调整体场景效果的景观类大场景表现及室内较大场景的表现，是最常见的一种构图形式（如图 4-16）。

（3）平行构图

平行构图即我们常说的一字形构图，《最后的晚餐》所采用的就是这种构图方式。平行构图的特征十分明显，主体内容以横向贯通的形式呈现于画面当中，其余内容也基本呈横向关系，其中的透视消失效果不太明显，对景深层次的表现也很微弱，构图比重也比较单一、节奏感不强，画面整体效果有些类似于立面图表达。该种构图形式往往被应用于一些需要完整表达连贯性主体内容的场景当中（如图 4-17）。

图 4-15 向心构图

图 4-16 分散构图

图 4-17 平行构图

05

基础练习

构图是指手绘效果图内容的各个组成部分在形式内容上的具体组织与安排，决定着手绘效果图作品在视觉传达上给观赏者的直接印象。

5.1 线条练习

线条是手绘表现中最基本的组成元素，看似简单，其实千变万化。线条具有很强的概括力，通过长短、粗细、曲直、快慢、虚实等不同的线条的组合和叠加，来表现空间设计主体及周边环境的形体轮廓、前后层次、空间体积、光影变化、深入细部及不同物象的质感。

线条是具有生命力的视觉元素，有丰富的表情和敏感的神经，可以进行不同的情绪表达，有不同的特点。水平线可表现平稳感，垂直线表现崇高，曲线表现优美，放射线表现奔放，斜线富有动感，圆形线条显得流动活泼，三角形线条给人稳定感等。

线条是一幅效果图的灵魂，一幅好的作品中，线条既有表现力，又能准确地表达事物的结构和明暗关系，作画时线条的应用要一气呵成，不能拘谨，把握好线条的运用是根本。正确的线条应该是流畅的，有韵律的，结构停顿清晰，转折具有力度。错误的线条往往出现顿挫与重复，用笔停顿不清晰，线条弯曲等（如图 5-1）。

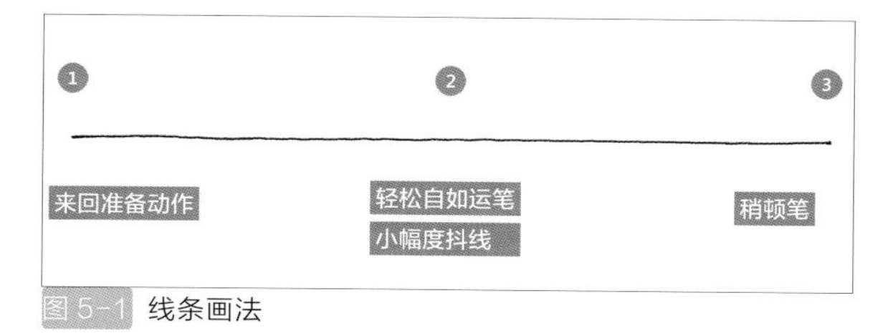

图 5-1 线条画法

在绘制手绘图时，应利用胳膊的各个支点的自由运动进行线条的绘制，不同支点绘制的线条有不同的特点。短线条一般运用手指力量绘制；中长线条一般运用手腕力量绘制；长线条一般运用手臂力量绘制；长线条、弧线常运用肩膀绘制（如图 5-2）。

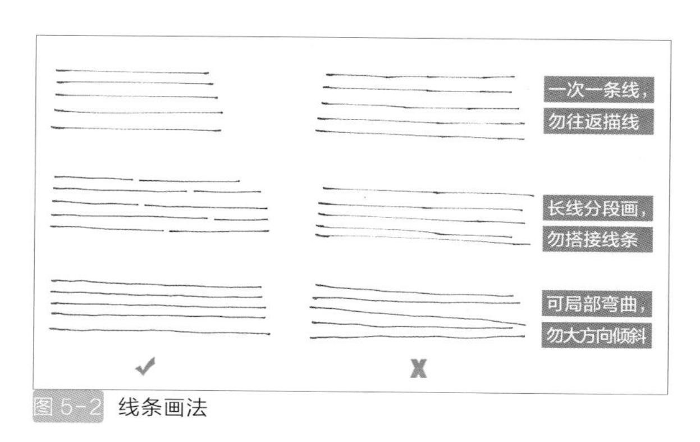

图 5-2 线条画法

5.1.1 自由线

在手绘中线条的表达方式有两种，一是尺规，二是徒手，这两种表现形式可根据不同情况进行选择。而自由线则需要摆脱尺规工具徒手绘制。徒手画线能展现个人的线条功底，经常使用尺规会导致对其依赖，由于尺规的束缚而不能随心所欲，越画越紧。徒手画线时，刚开始往往怕画歪而不敢下笔，即使下笔也是慢悠悠的，出来的效果显得死板。徒手画出来的直线，虽然花不出尺规的效果，但自有魅力，徒手画直线要求运笔速度快、刚劲有力，小曲大直（如图 5-3）。

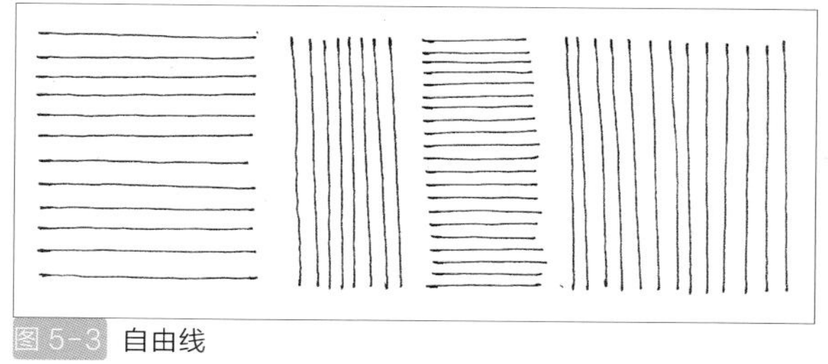

图 5-3 自由线

（1）横线

在学习初期要注意摆正姿势，不能继续沿用写字时握笔的姿势，在放松的情况下手臂要和钢笔呈现一条直线，而手臂要与纸面垂直，这样便于画出与手臂垂直和平行的线条。画线条的时候不动手腕，以手肘为圆心，手臂为半径来画，半径越大弧度越小（画长直线的时候尤为突出）。笔与纸面的角度要小，这样更加容易画直。在绘图之前，需明晰所画的构图、比例，透视、空间、素描和色彩关系。在画线条的时候也要清楚自己所画线条的长度，在画线条前，笔的位置应放在你所画线条的中垂线上，左右摆动可出线条。画手绘线条要注意结构感——两头实中间虚，这就需要注意起笔运笔收笔，准备好以后，把笔由中垂线位置呈钟摆形式左移到理想的位置，开始起笔（可做简单的回笔），然后加速出笔做运笔状，运笔的时候注意不要用力压笔，记住轻和快两个要素，然后做停笔（收笔状也可回笔）。回笔的时候要注意重合性，不要发生线条与回笔不重合的情况。虽然直线绘制要以手肘为圆心，手臂为半径画弧，但是我们所需要的是直线，所以要注意推笔，使整条线变直。在力所能及的范围下画长线，初期建议画 4cm 左右线条，随着练习的增加逐渐加长，太长的可分段画（如图 5-4）。

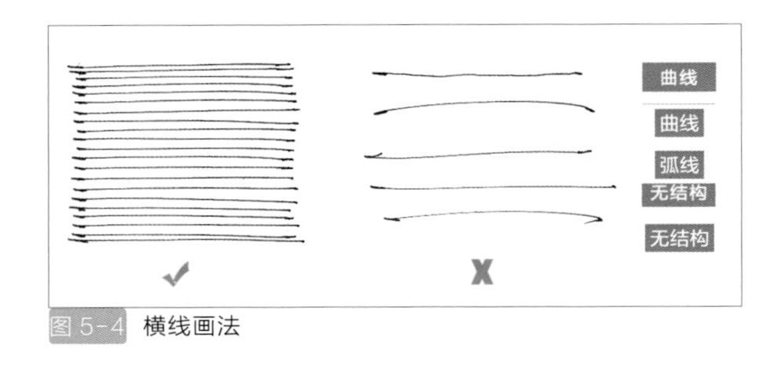

图 5-4 横线画法

（2）竖线

竖线同样不能继续沿用写字时握笔的姿势，在放松的情况下手臂要和钢笔呈现垂直状，手臂同样要与纸面垂直，这样便于画出与手臂垂直和平行的线条。在画竖线条的时候应以手握笔的地方为圆心，笔前段长度为半径画弧，半径越大弧度越小，手腕同样是不可以动的，通过拨动手指来画出竖线。在力所能及的情况下画长，遇到建筑中较长的结构线可采用接笔的方法，或者画慢线的方法，慢线中求直，求长，求流畅度，可接笔（如图 5-5）。

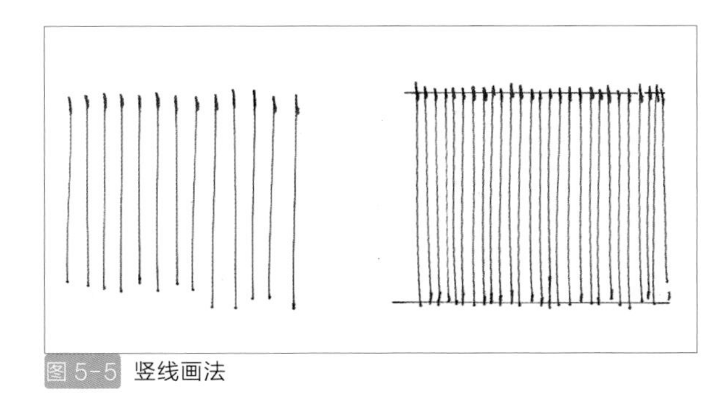
图 5-5 竖线画法

（3）斜线

以平衡的角度来说，斜线给人不安定感，但也会使人联想到飞机的起飞与降落，因此，有着强烈的向上或冲刺前进的运动感；同时，斜线的不安定中又表现了青春的活力。通过练习要熟练掌握不同角度的斜线，斜线要画得准确、有力度。在效果图的绘制过程中用倾斜线条来表现对感，在需要增加画面结构的变化和刻画生动活泼形象的作品时也会有所运用（如图 5-6）。

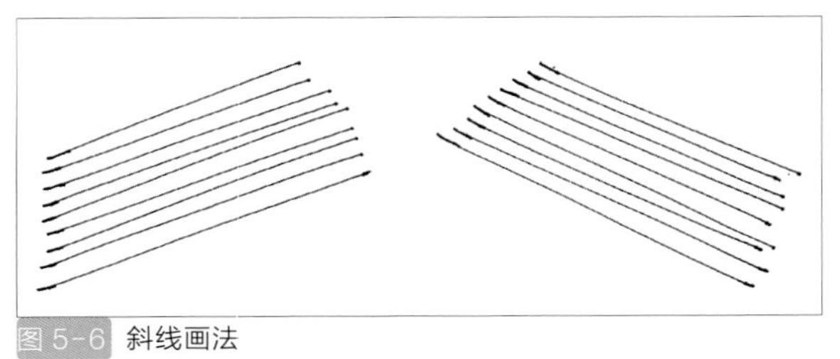
图 5-6 斜线画法

（4）抖线

抖线其实是直线绘制的另一种效果，它可以排列成不同疏密的面，也可以组成画面中的光影关系，是丰富画面的有效手段之一。从技术角度讲，抖线过程中速度要慢，手腕要稍做浮动，实现小抖线。抖线的绘制原理与直线相同，应注意均匀抖，整体线条趋势是直的。抖线的时候起笔收笔要直以体现结构感。开始练习的时候要注意画线条时候的节奏感，不要图快，图密（如图 5-7）。

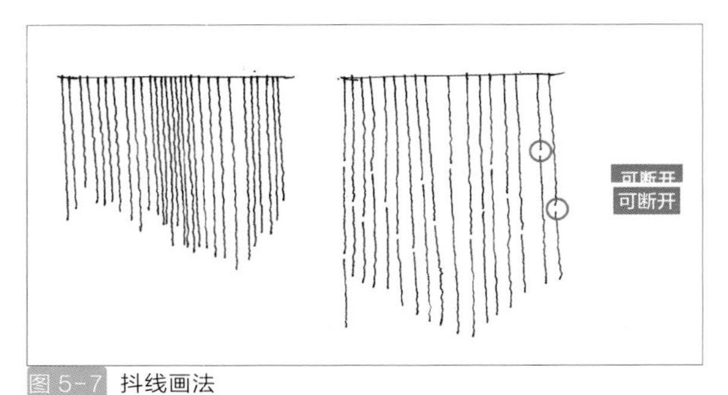

图 5-7 抖线画法

（5）曲线

曲线具有圆润、有弹性的特性，显得轻盈，能充分体现出自然之美，有着柔美、流畅、富于变化的性格，因此，能表现出极自然的节奏。一般在手绘表现中用来表现弧形透视，要求透视准确，并且优美、流畅。在效果图的绘制过程中，曲线可表现出画面的纵深感和动感，以使画面更丰富，更富有艺术性。线条的形式看起来很复杂，实际上归纳起来，它只不过分为直线和曲线两大类。直线包括垂直线、水平线和斜线。曲线在形式上虽然比较丰富，但大部分都是波浪状线条的各种变形（如图 5-8）。

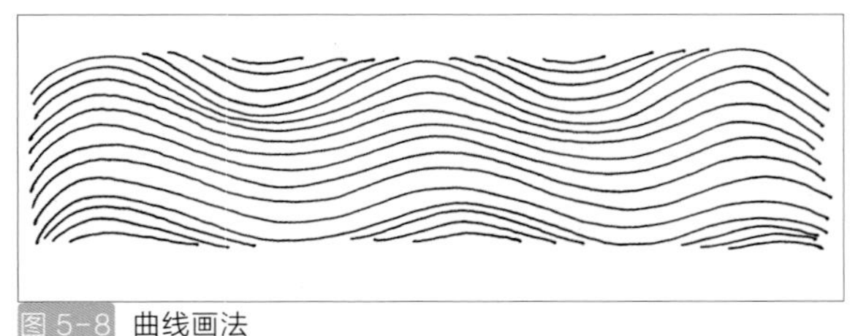
图 5-8 曲线画法

5.1.2 控制线

控制线是在练习线条的控制力。横线把握在 5cm 左右，竖直线在 4cm 左右，方法与自由线相同，就是增强对线条的控制力。先画好边缘线，然后左右搭边画，左边相对好控制因为要从左边起笔，右边不可搭不上，这样会造成结构缺失，不可搭线过长，这样视为结构破坏，左右刚好最为理想，右边可以适当出头，但是别太长。（如图 5-9）

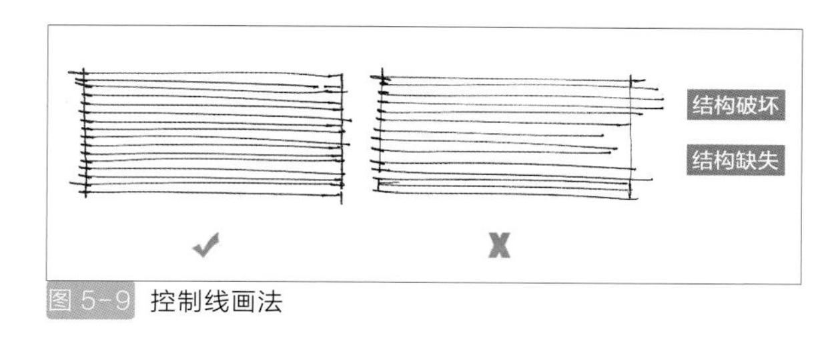

图 5-9 控制线画法

5.1.3 厘米线

厘米线是控制线的衍生版，画厘米线可以更好地控制线条精度和准度。勤加练习可在未来画平面草图时在不用尺的情况下画出相对精确的图。一般练习 5cm 以内的线条（如图 5-10）。

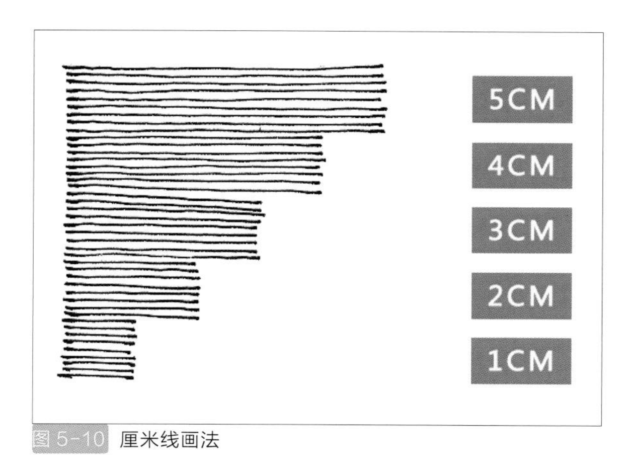

图 5-10 厘米线画法

5.1.4 两点穿线

两点穿线相对比较重要，画图的时候常会用到。在画图前期，铅笔线稿只做大体框架，细节部分为了节省时间是不用铅笔打稿的，这样的话，为了提高线条的准确性，就需要打点画线。对于初学者来说，两点穿线练习的要诀在于整条手臂放松，在初学时可反复快速地比划从而提高准确性，然后画出，在比画的时候注意速度不能太慢。在两点穿线练习中会接触到斜线，斜线没有固定的画法，是以横线和竖线的画法为准．要合理选择并且运用横竖线助画法（如图 5-11）。

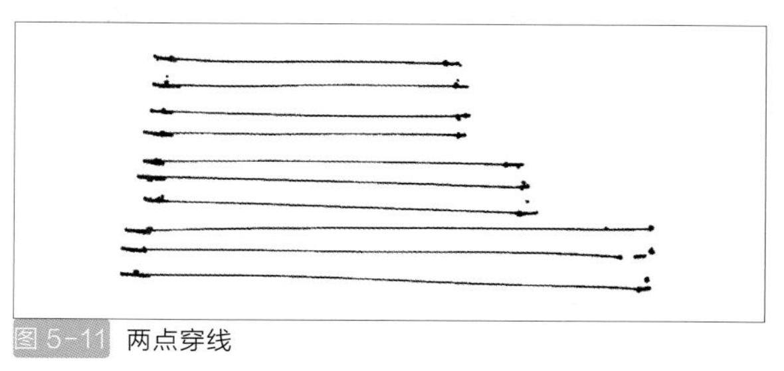

图 5-11 两点穿线

5.1.5 放射线

放射线都交于一点，练习这种类型的线条不仅可以提高线条穿点的准确度，而且可以进一步地练习斜线，大家练习时会发现线条一般都相交在中点部分（如图 5-12）。

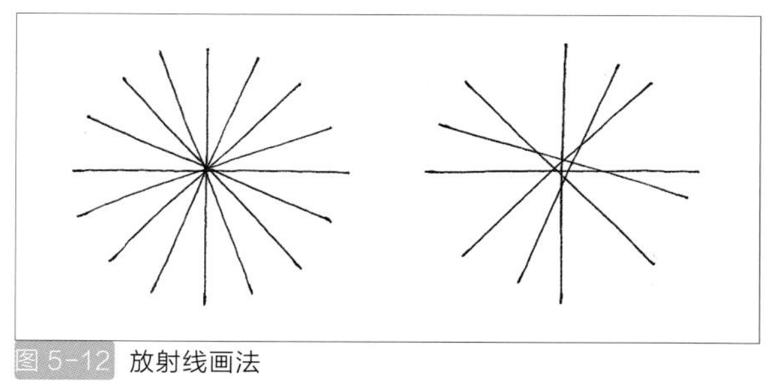

图 5-12 放射线画法

5.1.6 交互线

交互线的作用在于画水中倒影，在表现玻璃材质时也会用到，交互线练习的要点在于黑白灰关系明确，在排线条的时候尽量密，而且要注意长度尽可能相等，在表现时可以适当调整（如图 5-13）。

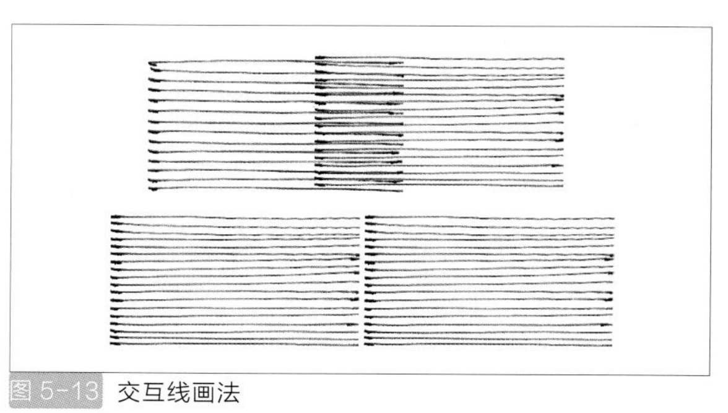

图 5-13 交互线画法

5.1.7 方格线

方格线是方体的前身，画的时候不需要画太大，要想练好方体必须先把方格线画好，在一点透视方体当中，应把握好横竖线的垂直程度，还要注意整个线条相交的结构感，在方格线练习的初期应着重练习横竖线姿势的转换，所以在练习的初期主要以迷宫形方格线的练习形式当作标准，不论正方形、长方形只要把握好线条的垂直程度和结构感就好，大家最常遇到的问题是画出来的横竖线不垂直，这和线条无关，只是姿势的问题，不要急功近利，可以画得慢点，但是要多想，多分析。当熟练掌握横竖线姿势的转换后，我们可以增加难度，画回字形方格线，注意画正方，疏密程度可以自定，正方把握得当以后，我们可以开始第三种的练习，适当加入斜线，以更加适应于方体（如图 5-14）。

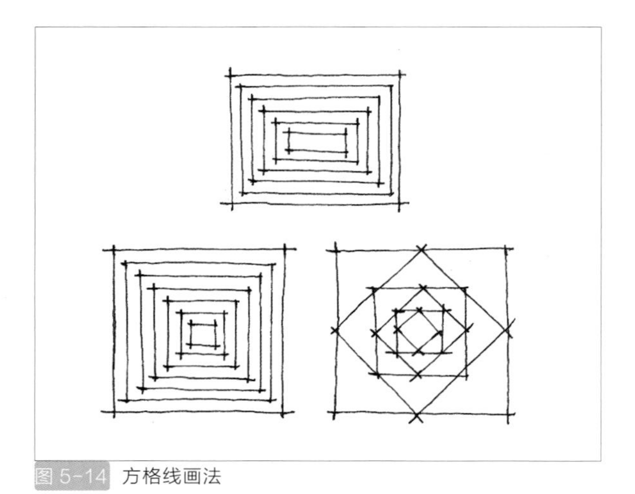

图 5-14 方格线画法

5.1.8 植物线

植物线可分为树线和草线。

大小凹凸方圆尖是树线的表达形式，这句话其实包含了很多内容，如果大家仔细分析的话就会发现，它是以凹凸方圆尖的组合形式来表达，通过大小的变化来体现出植物自然的感觉，我们在画的时候不要刻意去变化，因为越是刻意去表达一些东西，越是觉得死板，在初期的时候我们可以以一种方式为基础，做大小凹凸变化，从而体现出植物的自然感觉，然后逐步慢慢增加其他的形式，在练习的时候也要注意不要漫无目的地去画，以树形为基准来变化，如三角形、方形、梯形、圆形、8 字形、品字形等。画树形不是在画连笔画，左右不要求一笔画完，只要衔接得当即可。在这些形体上画的时候注意不要出现贴边现象，多出现凹凸变化（如图 5-15）。

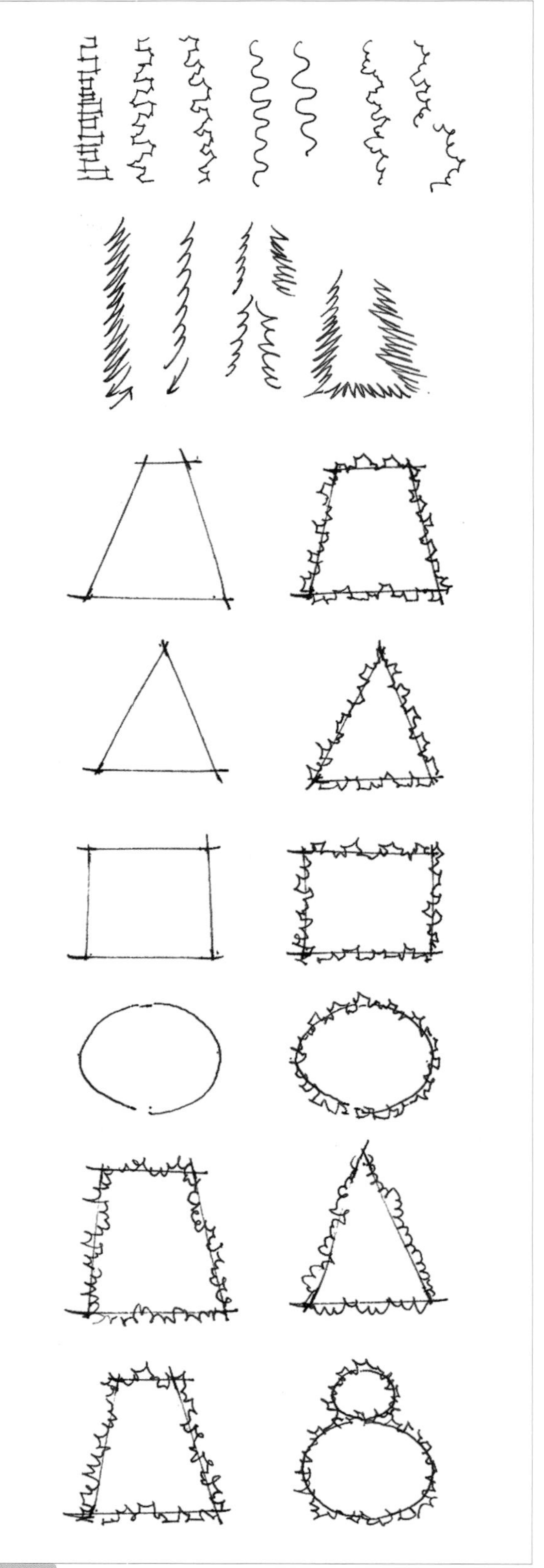

图 5-15 树线

草线主要是以尖的形式存在，可以分为两种，一种是大型的簇草，另一种是小型的连草。大型的簇草画一般运用于树底、石头旁，画的时候要注意细长，不要只画一遍，可以多几层，以表现空间感和体积感。在画小型连草的时候，可以画得稍微矮小一些，要把握好方向性和大小的变化，不规则性也是其中的一点，我们可以由中间开始向两边扩散（如图 5-16）。

图 5-16 草线

5.1.9 不规则线

不规则线条包括弧形线和水线。

画弧线的时候和自由线的姿势一样，本来画自由线就是以手肘为圆心手臂为半径画弧，所以说弧线相对来说比较好画，简单点的弧线一笔画完，稍微复杂的同样是可以分开画，分的时候以转折点来分，这样相对来说比较容易（如图 5-17）。

水线其实分为很多种，如流水线、激水线、水波线等，在景观中运用得比较多，后期可以加入马克笔，加入色彩让水线体现得更加明显，但是并不代表线稿可以不用画，大家可以多练习下以下几种形式的水线，画的时候要注意方向性

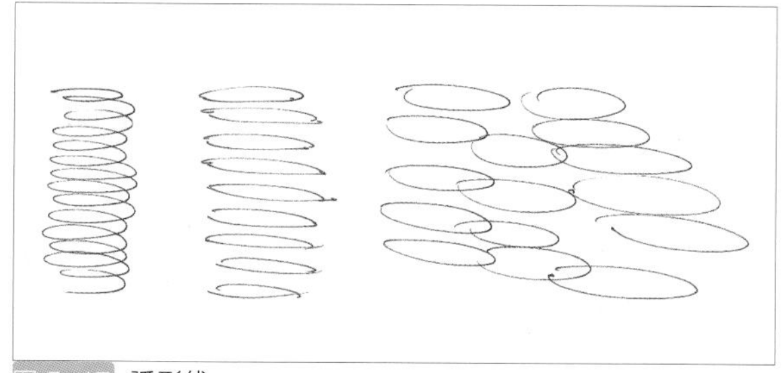
图 5-17 弧形线

的统一，不管是哪个面的投影或者倒影，它不以面的变化而变化，可以随意地左右摆动，最终归结于向下的趋势（如图 5-18）。

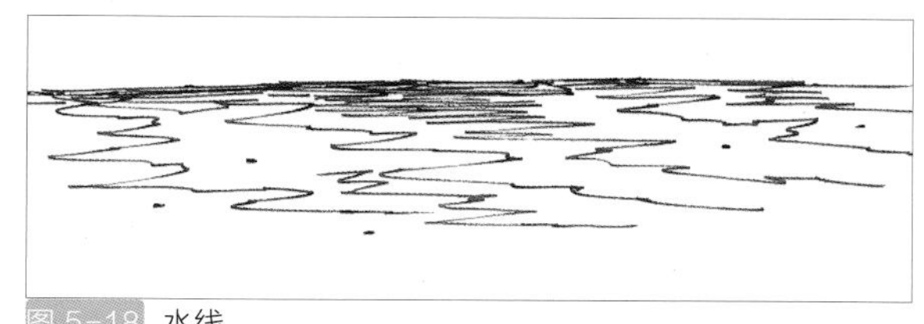
图 5-18 水线

5.1.10 阴影线条

物体存在于空间中就会和接触面产生投影，所以投影是效果图的重要因素。投影部分的排线需要比暗部排线密集，排线方向也要跟暗部有所区别。

（1）地面阴影

地面阴影的阴影线可以根据形体的透视进行排列，也可以选择竖线排列。总之，无论选择哪种方向排列都不可错乱和重复（如图 5-19）。较长形体的阴影在排线时，通常以较短距离的那个方向进行排列，这样排列起来比较方便。同时还要注意较长形体的阴影要在排线时适当地区分线条的疏密，体现自然的过渡变化。异形阴影的排线还是要以直线的方向进行排列（如图 5-20）。

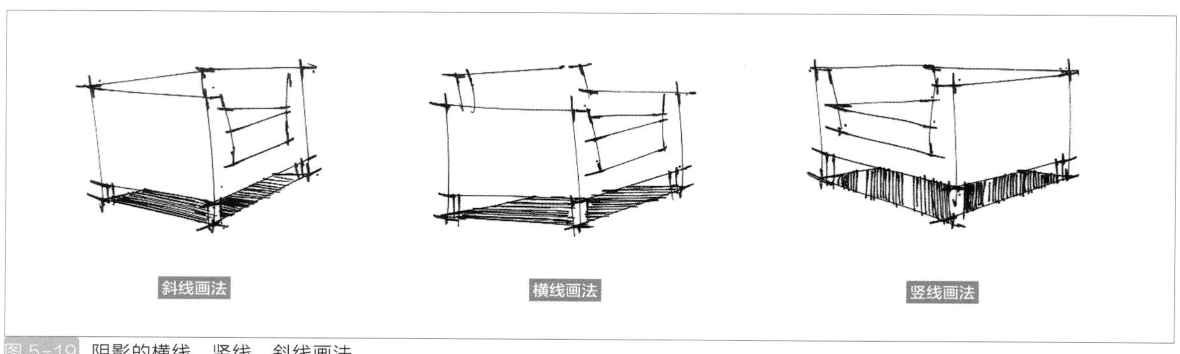

图 5-19 阴影的横线、竖线、斜线画法

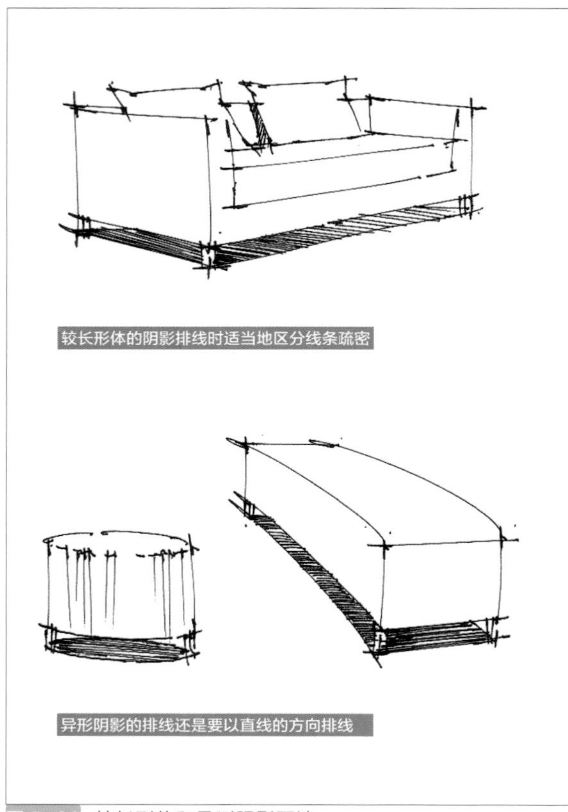

图 5-20 较长形体和异形阴影画法

（2）墙面阴影

墙面阴影和地面阴影的排线方式大致相同，都是为了衬托形体结构，而且线条都应排列得整齐有序（如图 5-21）。

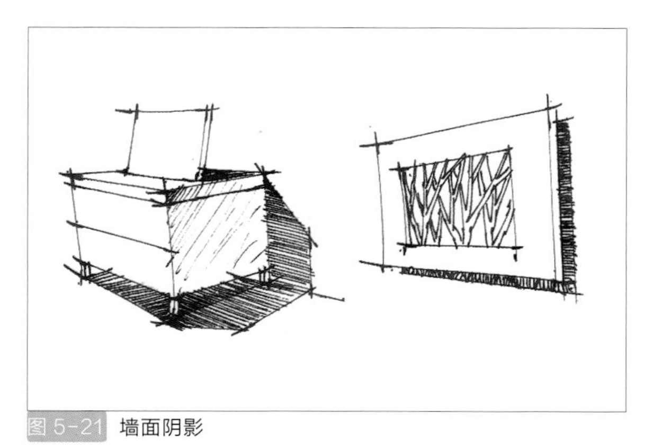
图 5-21 墙面阴影

（3）灯光阴影

处理灯光的阴影时要注意画得虚一点，因为光晕是虚化效果，这和其他阴影处理方法不同。同时还要注意光晕的衰减变化，这一点可利用线条的疏密进行表现（如图 5-22）。

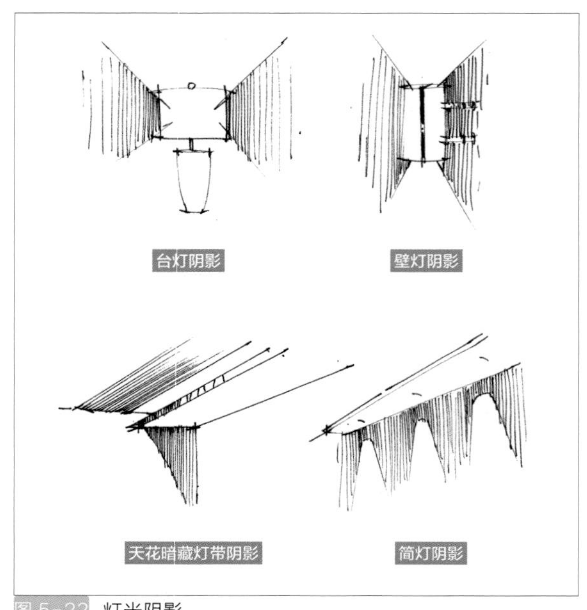

图 5-22 灯光阴影

（4）反光阴影

反光阴影也用虚线条来表示，画的时候线条要干脆，画出大概轮廓即可（如图 5-23）。

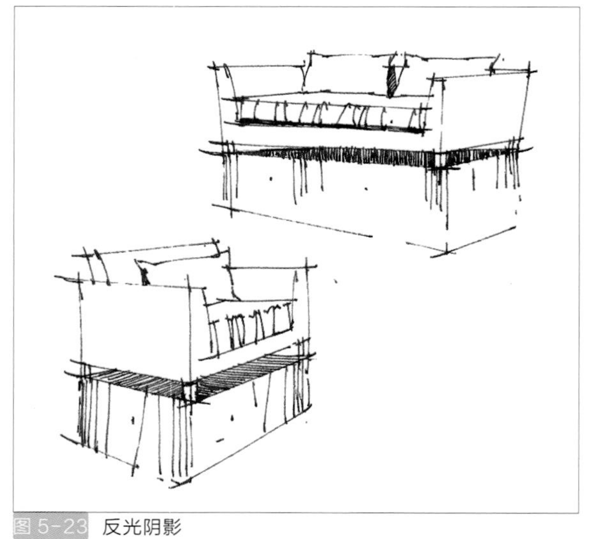
图 5-23 反光阴影

5.1.11 材质线条

为了能够使得画面的材质看起来更加真实，我们必须在学习整体空间的表现方法之前对其细致研究。在绘画中，需要通过线条组合的方式表现光影的过渡，质感的区别。

（1）木材

要表现木纹首先要画出它的纹理，注意疏密的变化，在一些转折的地方，找些重色的点，加重手法，让它形成一个点线面的关系。纹理的线条要自然，要具有随机性，避免机械化地表现相同的纹理（如图 5-24）。

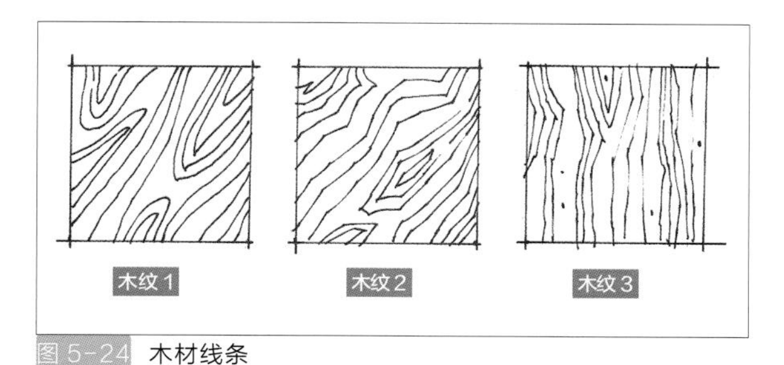

图 5-24 木材线条

（2）镜面和金属

镜面材质和金属材质的反光质感很重要，镜面反光主要表现在家具的受光面、地板的反光、镜子的反光、玻璃的反光、电视机的反光等，金属材质在线条表达上和镜面材质是相同的，主要区分是固有色的不同。在要表现玻璃材质的图形里画一些穿插的斜线，大概与物体形成 45° 角，线条要轻，最好不要重叠（如图 5-25）。

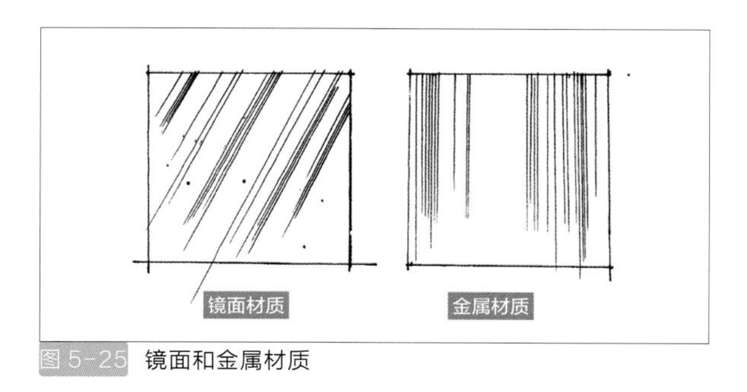

图 5-25 镜面和金属材质

（3）糙面材质

粗糙的材质主要包括石材、砖材、编织物、藤制品、麻织品等，每种材质都有独特的纹理效果，要根据材料的本身性质进行表现。例如，石材轮廓凹凸不整齐，在用线条描绘轮廓时可以自由随意些，可以用“点”的方式来突出石材的肌理，表现其粗糙的表面。藤制品往往是按照一定规律排列出来的，在线条的表达上应按照物体的本身排列顺序细致刻画，然后按照明暗关系，利用排列笔触的多少来表现虚实关系（如图 5-26）。

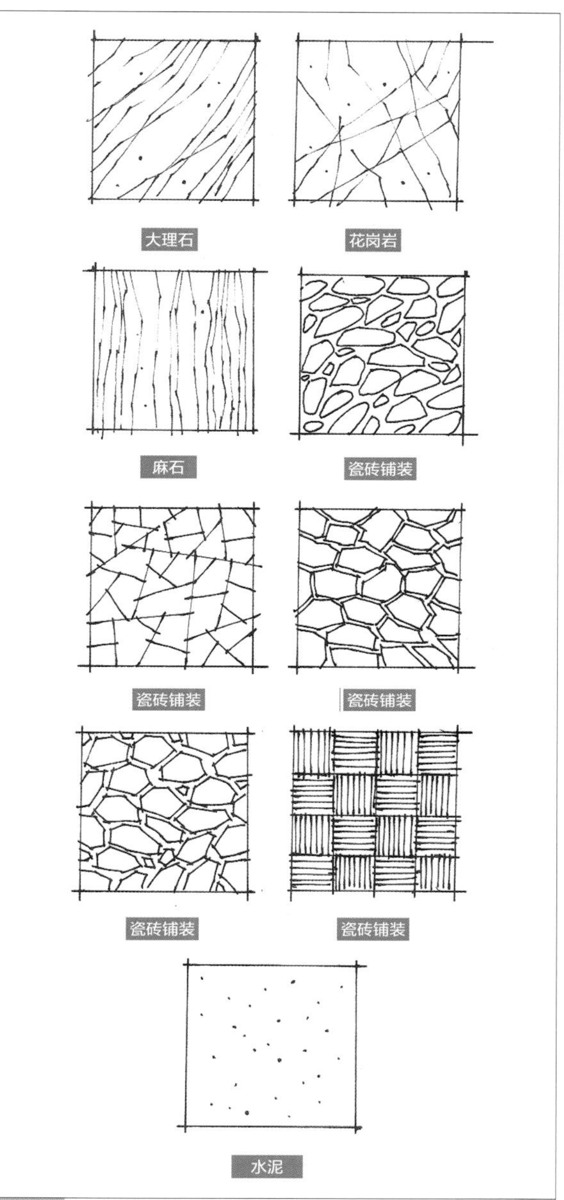

图 5-26 糙面材质

（4）柔软材质

柔软的材质包括布艺沙发、布艺靠垫、窗帘、纱幔、地毯、装饰娃娃等。有的柔软材质需要物体的蓬松轮廓来突出，如沙发、靠垫、窗帘、纱幔等；有的柔软材质是需要用材质本身的结构来表现的，如毛绒地毯、毛娃娃等（如图 5-27）。

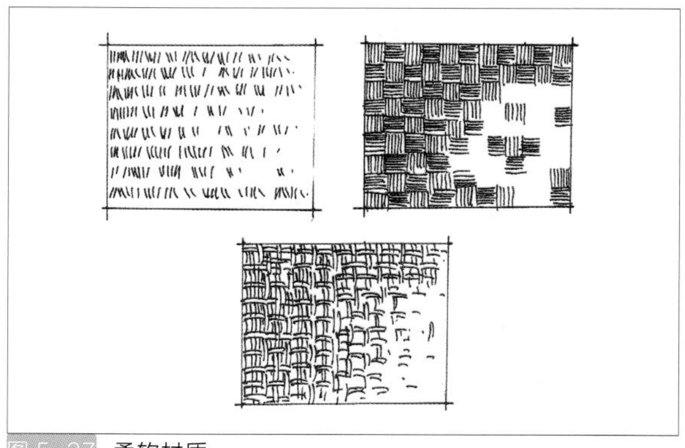

图 5-27 柔软材质

5.2 体 块

体块是透视的基础，也是画一切物体的根本。体块若出现透视、结构、比例问题，就不可能画出好的效果。体块是练习空间想象能力的最好方法，画时应注意体块的穿插、遮挡、结构等。体块具有连续的表面，可表现出很强的量感。体块通常给人以充实、稳定之感。

5.2.1 体块框架

运用一点透视、两点透视的基本规律，对不同的几何形体进行练习（如图 5-28~ 图 5-32）。

5.2.2 明暗处理

体块的暗部排线应该注意线条的疏密表达，排列应相对有序，可以通过角度的细微调整来协调画面关系（如图 5-29）。

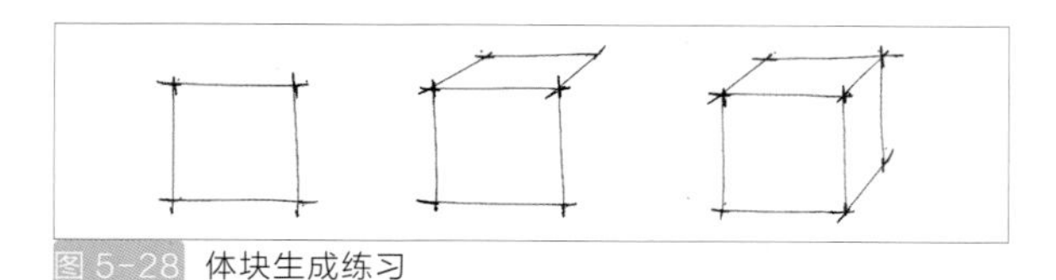

图 5-28 体块生成练习

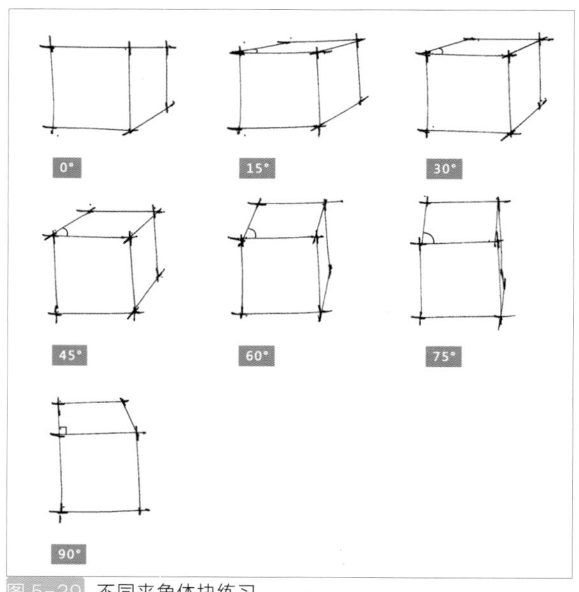

图 5-29 不同夹角体块练习

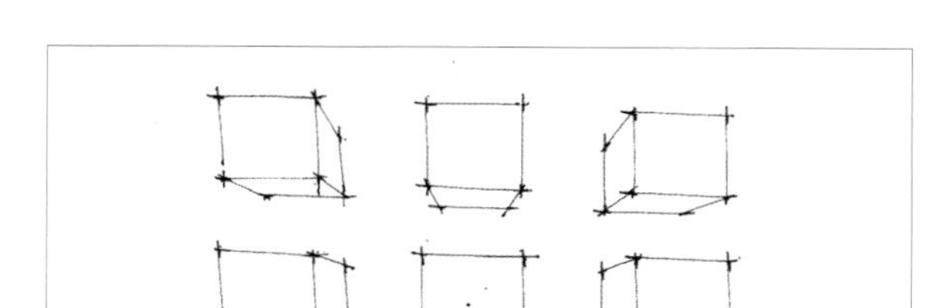

图 5-30 体、块一点透视练习

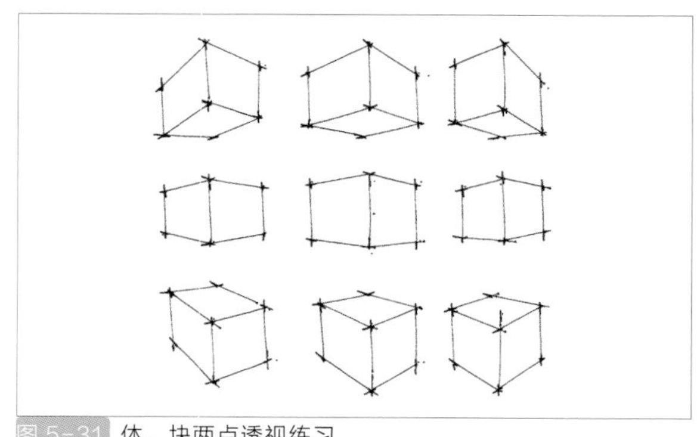

图 5-31 体、块两点透视练习

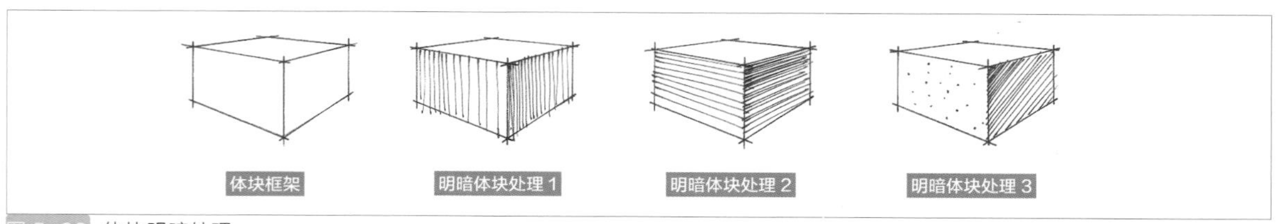

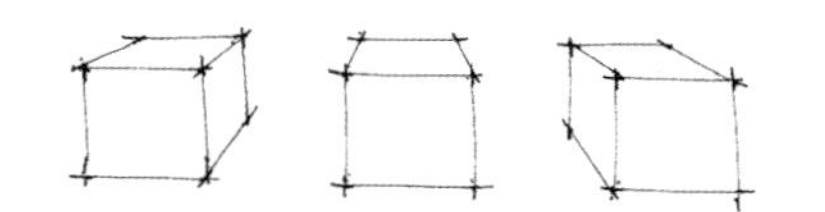

图 5-32 体块明暗处理

5.2.3 组合方式

体块组合是为了辅助自己的立体形象思维，探索空间变化和层次关系以体块平面为依据，进行体块透视转换练习（如图 5-33）。

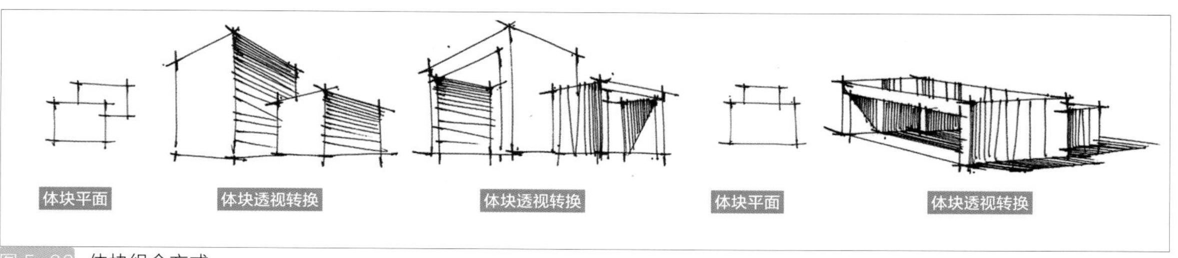

图 5-33 体块组合方式

5.2.4 延伸方法

体块延伸方法是以基础体块为依据，进行体块旋转、体块组合以及体块咬合的练习（如图 5-34）。

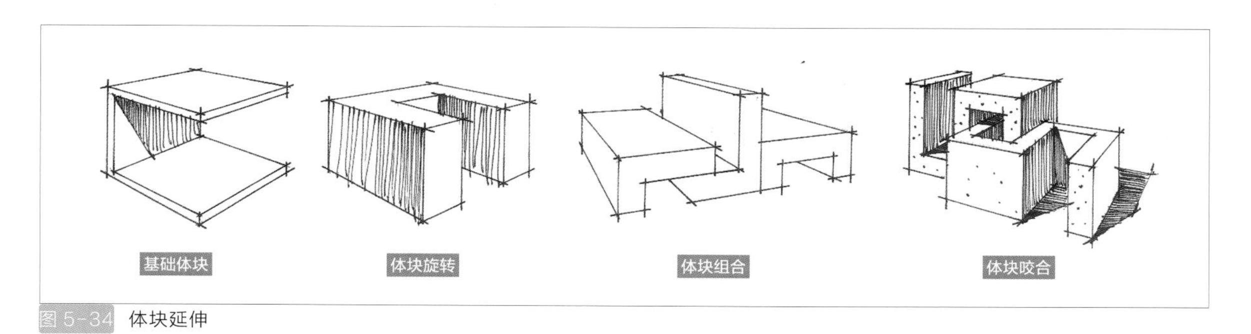

图 5-34 体块延伸

5.2.5 体块应用

体块应用是以基础体块为依据，进行体块组合、加减、拉伸、分割以及序列等练习（如图 5-35）。

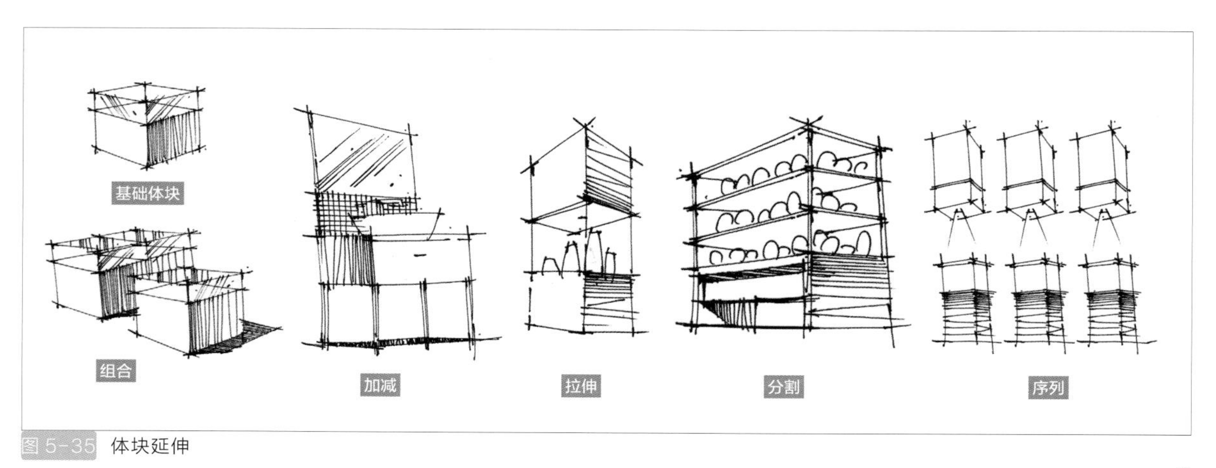

图 5-35 体块延伸

5.3 上色

手绘效果图上色的基本原则是由浅入深，一开始往死里整，修改起来将变得困难，在作画过程中时刻把整体放在第一位。上色过程就是处理画面关系的过程，明暗关系，冷暖关系，虚实关系，这些才是手绘效果图的灵魂，大自然的一切受着环境的影响，并不是孤立存在，关系没画准，只能说是一堆颜色的堆砌，而不能称为一幅成功的手绘效果图，而对比则是画准这些关系的手段。

5.3.1 马克笔上色

马克笔为硬毡头笔尖，画出的线形偏硬，用笔的斜面能画出较完美的画面，用笔的根部上色可得到较细的线条。可重复叠色，通过在纸上反复叠色而得到满意的色彩效果，但在色彩调配中一般不宜超过四层颜色，否则色彩会变“灰”“脏”，这样就失去了马克笔的表现特性和应有的风采。马克笔上色是由浅入深，先画暖色，后画冷色。以爽快干净为好，用色不要超过轮廓线，否则会显得没有收尾而难看。在一幅画中用色的种类不要太多，否则会给人混乱感，但可在灰色调中搭配些相近的颜色，以配合画面的基调。用马克笔不宜画过小、过细致的东西，上色时应力争一次性完成空间结构关系，避免反复修改。

马克笔中冷色与暖色系列按照排序都有相对比较接近的颜色，编号也是比较靠近的，画受光物体的亮面色彩时，先选择同类颜色中稍浅些的颜色，在物体受光边缘处留白，然后用同类稍微重一点的色彩画一部分叠加在浅色上，便在物体同一受光面表现出三个层次。用笔有规律，同一个方向基本成平行排列状态；物体背光处，用稍有对比的同类颜色，方法同上。物体投影的明暗交界处，可用同类重色叠加。

物体受光面留白，高光处提白或点高光，可以强化物体受光状态，使画面生动，强化结构关系。

物体暗部和投影处的色彩要尽可能统一，尤其是投影处可再重一些。画面整体的色彩关系主要靠受光处的不同色相的对比和冷暖关系加上亮部留白等构成丰富的色彩效果。整体画面的暗部结构起到统一和谐的作用，即使有对比也是微妙的对比，切记暗部不要有太强的冷暖对比。

画面中不可能不用纯颜色，但要慎重，用好了画面丰富生动，反之则杂乱无序。当画面结构形象复杂时，投影关系也随之复杂，此种情况下纯色要尽量少用，且面积不要过大，并避免色相过多。相反，画面结构、结构关系单一时，可用多种色彩丰富画面。

马克笔的运笔方式比较多变，一般来说可以根据绘制对象及其所处的光影部位和材质的要求分为平铺、飘笔、连笔和自然笔。其中平铺是基本的用笔，飘笔和连笔适合用于物体的亮部刻画，自由笔则多用于植物及软质材质的表达。

在使用马克笔时可以运用其笔触的变化和色彩之间的搭配表达出比较丰富的色彩关系。常见的马克笔笔触排列方式有并置、重置、叠彩等。

（1）并置

运用马克笔并列地排出彩色线条（如图5-36）。

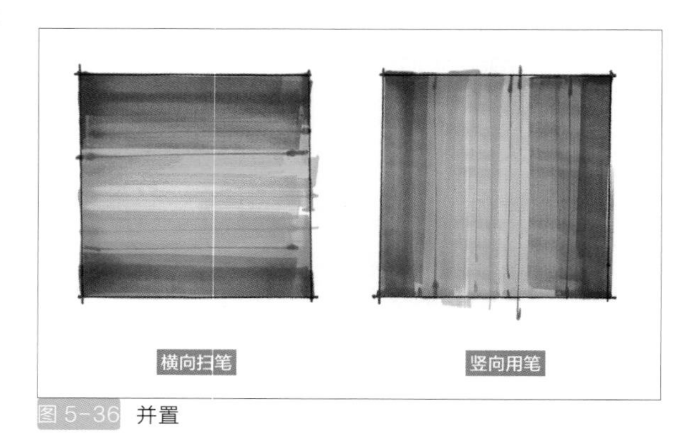

图5-36 并置

（2）重置

运用马克笔组合同类色的色彩，排出线条（如图5-37）。

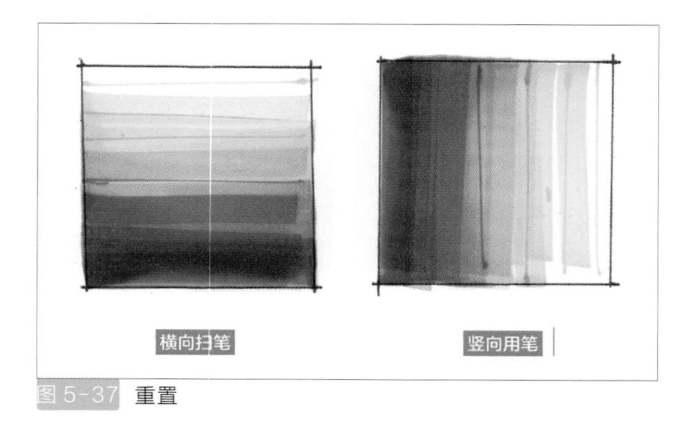

图5-37 重置

（3）叠彩

运用马克笔组合不同的色彩，表现色彩变化线（如图5-38）。

几何物体的笔触排练也要遵循透视规律，并注意体块和体块之间的联系和投影效果，还有投影的变化。

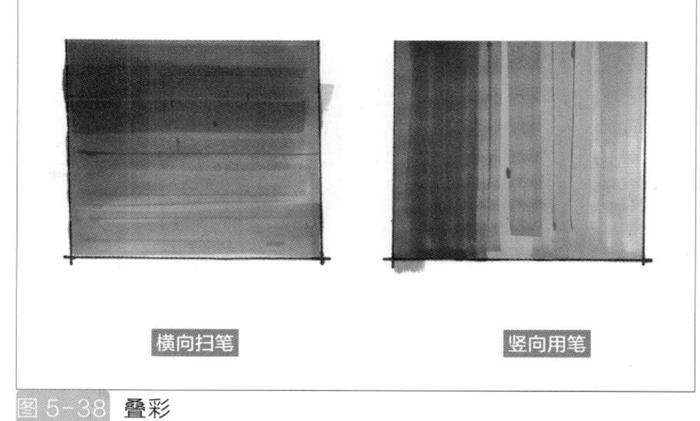

图 5-38 叠彩

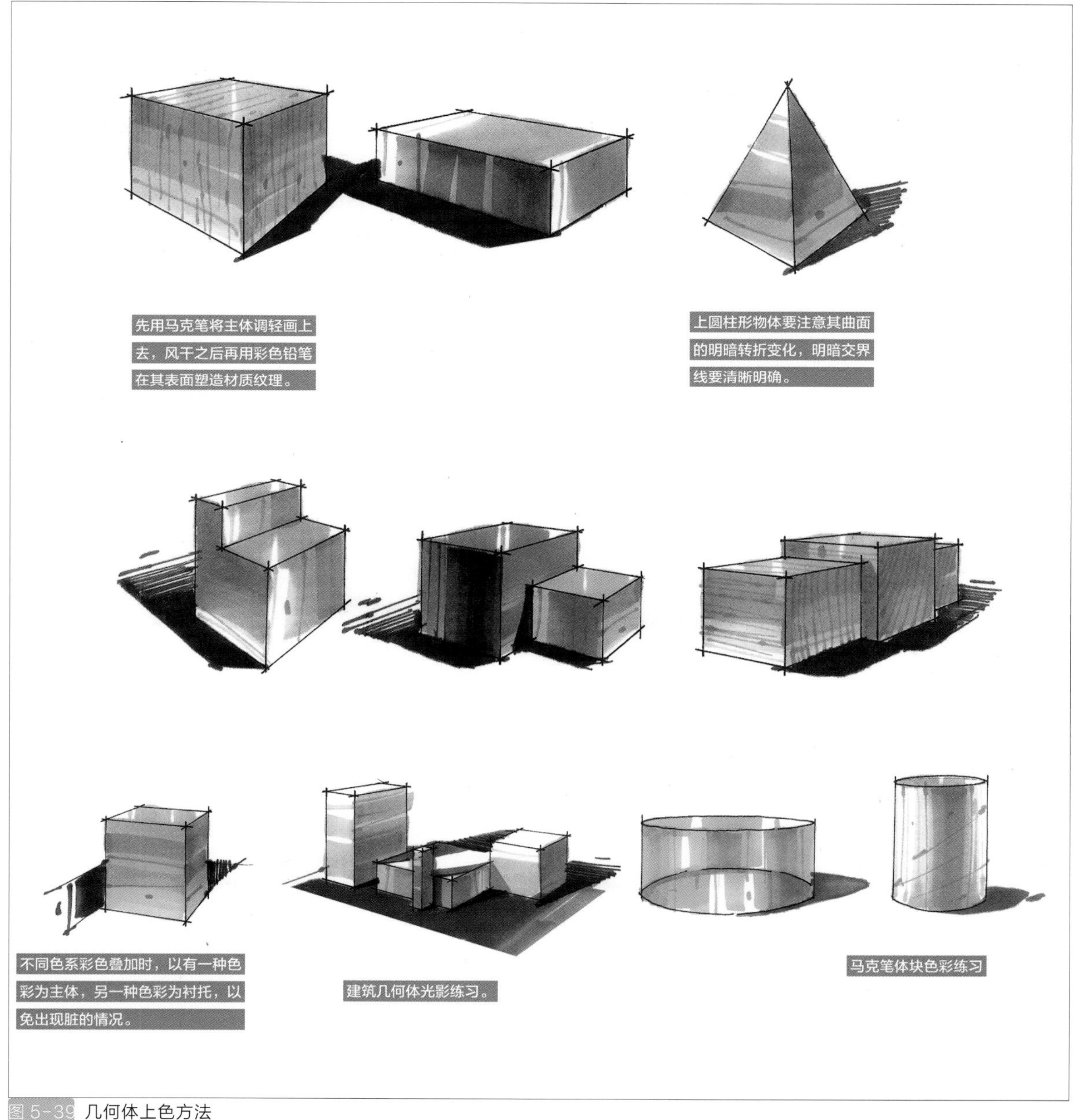

图 5-39 几何体上色方法

5.3.2 彩铅上色

彩铅上色如同铅笔画素描，但不同的是，彩铅的笔触不宜过密，应给下一步骤加颜色留有“余地”，要有透气感。彩铅分为两种，普通彩铅和水溶性彩铅。普通彩铅也称为不溶性彩铅，又分为干性和油性。普通彩铅画出的效果较淡，简单清晰，大多可用橡皮擦去，有着半透明的特征，可通过颜色的叠加，呈现不同的画面效果，是一种较具表现力的绘画工具。

水溶性彩铅笔芯能够溶解于水，碰上水后，色彩晕染开来，可以实现水彩般透明效果。水溶性彩色铅笔有两种功能：在没有蘸水前和不溶性彩色铅笔的效果是一样的。可是在蘸上水之后就会变成像水彩一样，颜色非常鲜艳亮丽，十分漂亮，而且色彩很柔和。

彩铅与水彩调配时色泽艳丽而透明，与水性马克笔调配时能融合彩色铅笔的色彩并能提高色彩的饱和度。彩铅还常与马克笔配合上色，若与油性马克笔配合上色，则应先用马克笔，后用彩色铅笔来补色和修饰马克笔的笔触；若使用的是水性马克笔，则要先用彩色铅笔，后用马克笔来调和颜色，使彩色铅笔的笔触不再“浮”在画面上。常用技法包括平涂排线、叠彩排线、水溶退晕等手法。

（1）平涂排线

运用彩色铅笔均匀地排列出铅笔线条，得到色彩一致的画面效果。排线方法包括平涂排线、渐变排线。排线的方向包括横向排线、斜方向排线。

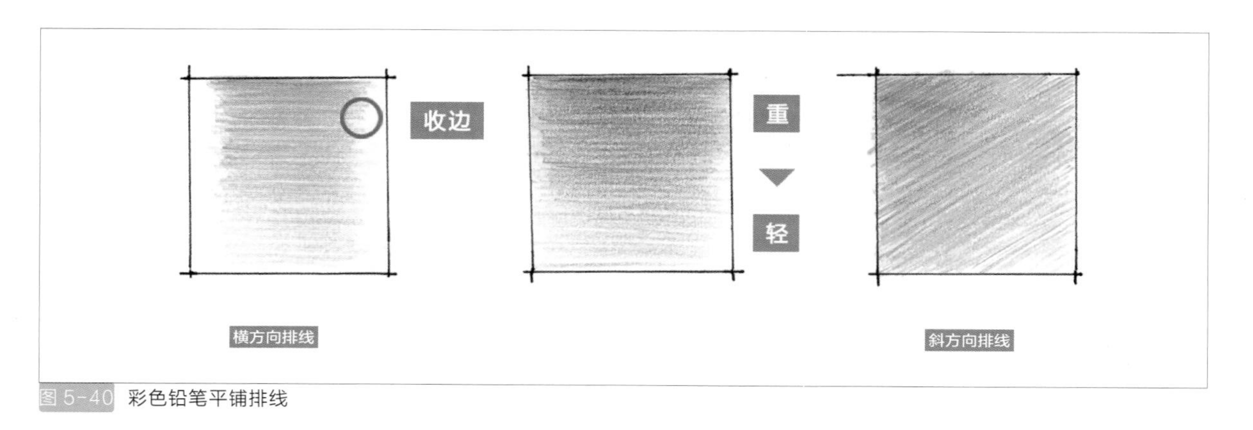

图 5-40 彩色铅笔平铺排线

（2）叠彩排线

运用彩色铅笔排列出不同色彩的铅笔线条，各种色彩可重叠使用，产生出更为丰富多彩的色彩效果，形成新的色调。

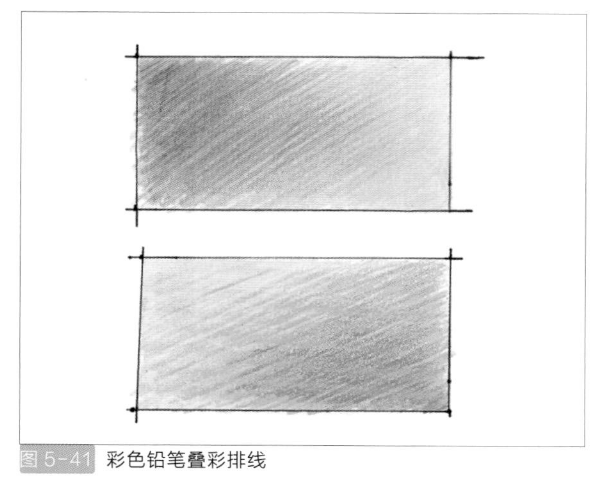
图 5-41 彩色铅笔叠彩排线

（3）水溶退晕

利用水溶性彩铅溶于水的特点，将彩铅线条与水融合，得到退晕的画面效果。有两种方法可供选择，第一种画法即先用水溶性彩铅画，然后用沾水的笔涂，或者用潮湿的海绵溶解，或者用潮湿的纸溶解。 第二种画法是用干画纸，笔尖蘸水。

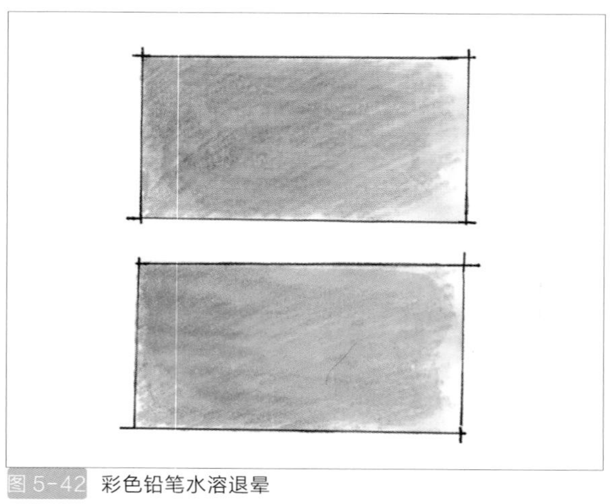
图 5-42 彩色铅笔水溶退晕

图 5-43 彩色铅笔几何体上色方法

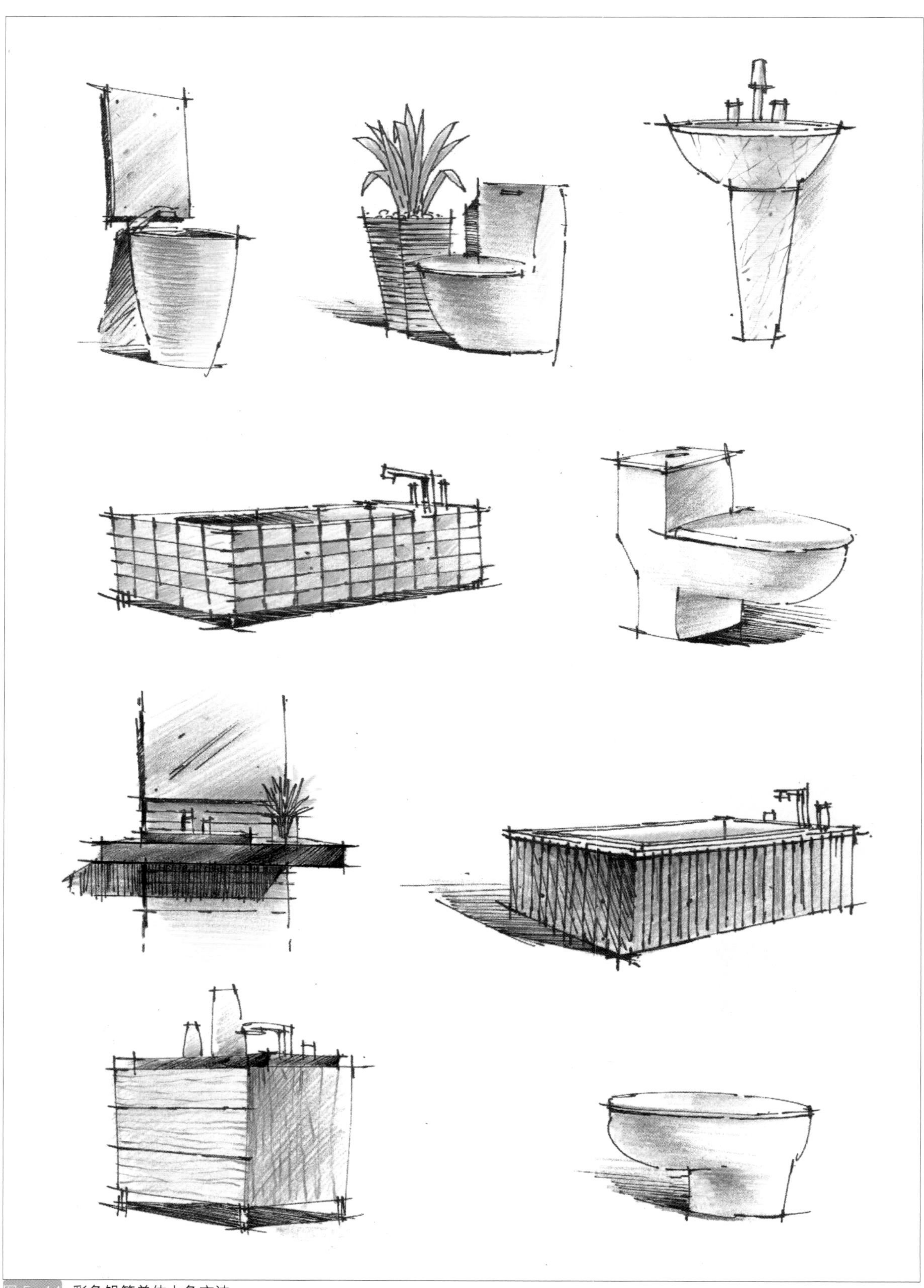

图 5-44 彩色铅笔单体上色方法

5.3.3 喷绘上色

喷绘效果图是利用空气压缩机把色彩颜料喷涂到画面上的一种着色方式。喷绘形成的图面色彩颗粒细致柔和，光影处理微妙，材料质感表现得生动逼真。

通过对喷点、喷线和喷面的练习，掌握均匀喷涂和渐变喷涂等方面的操作技巧，要注意对喷量、喷距及喷速的均匀变化进行具体控制。

实际操作中为满足画面需要，常使用模板遮挡技术，运用纸、胶片等这类遮挡物来处理一系列的画面色彩效果。

5.3.4 水彩上色

水彩是一种半透明的颜料，它的性质介于透明水色与水粉颜料之间，既没有水粉颜料所拥有的极强的覆盖力，也不如透明水色颜料的透明效果好。但由于它的半覆盖半透明特质，决定了它既可利用针笔稿作底稿也可以用自身的色彩特性独立地表现物体。

水彩因其半覆盖的特性会对针笔墨线稿造成部分影响，所以用水彩进行着色时，底稿一般只用针笔画出画面中物体的轮廓线与结构线，不宜做太多、太深入地刻画和塑造物体的体积感与空间感，可利用水彩自身的冷暖、深浅及浓淡，在施色中逐步完成。

水彩的使用方法与透明水色很接近，都是由水进行调和，控制色彩的饱和程度。着色的方法也是由浅至深、由淡至浓，逐渐加重，分层次一遍遍叠加完成的。由于水彩颜色的渗透力强、覆盖力弱，所以颜色的叠加次数不宜过多，一般两遍，最多三遍。同时混合的颜色种类也不能太复杂，以免画面污浊。

具体着色时，画面浅色区域画法一般为高光处留白，用水的多少控制颜色的浓度。一般来说，浅色区域的色彩加水量比较多，浓度较淡，用自身明度高的颜色画浅色，这样既可使浅色区域色调统一在明亮的色调中，又可以有丰富的色彩变化和清澈透明感。深色区画法一般用三种以下的颜色叠加暗部；选用自身色相较重的色彩画暗部；加大颜色的浓度，降低水在颜色中的含量。中间色调尽可能用一些色彩饱和度较高的颜色，也就是固有色。当然，色彩的运用还是要根据实际作图要求来决定的。

水彩表现技法与透明水色一样需要用吸水性较好的纸张，这样才不容易使画纸变形，影响画面效果（如图5-45）。

图 5-45 水彩上色

景观设计的手绘表达

景观设计兴起于 20 世纪末期，作为一种前卫的现代艺术设计学科，它最突出的特点就是通过艺术表现的方式，对室外环境进行了科学而美观的规划设计，是美化生活环境的一门实用艺术。同时，景观设计重在满足人们对外环境在功能或生理、精神或心理方面的审美需求，属于空间艺术的范畴。它是设计师具有明确主观意识的个体设计行为，充分展示了设计师的艺术才能和创作风格。有设计，也有规划，目的就是为大众创造一个良好、适用且经过美化了的生存、生活空间。

在景观设计中手绘技法是一种极为重要，也最为基础，且应用极广泛的表现手段。利用熟练的手绘技法可以非常迅速地捕捉到周围环境的要素和特征，激发设计师的艺术灵感、个人创造力和想象力。实践证明，运用手绘技法从事景观设计，是最快捷、最适用、最明智的选择。

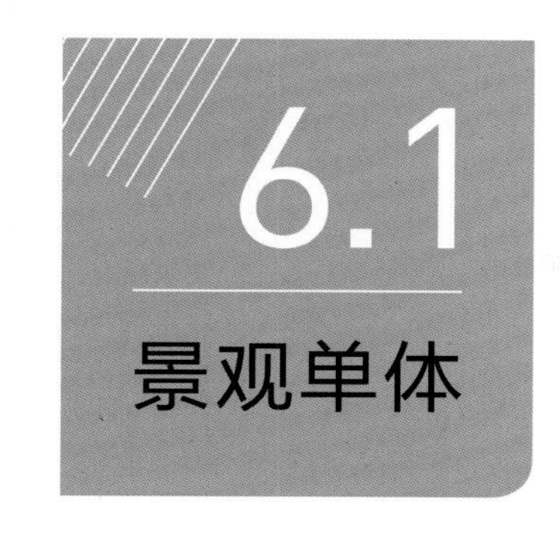

6.1 景观单体

景观单体主要是指地形地貌、道路与铺装、水体、植物、公共设施和艺术品等构成景观效果的设计要素。

6.1.1 植物

在手绘场景中，植物配景是最为常见的部分，植物的种类多种多样，不同的地点、季节都有可能对应着不同的植物，甚至同一幅画面当中就可能包含好几种植物，因此很多人都认为植物是景观手绘中最难表现的一种。然而，手绘表现并不是静物写真，究其根本植物在其中也只是配景，更多的是用来烘托环境气氛的，不需要过多地纠结于植物的细节描绘。

根据植物在画面中的位置分布，可以划分为上、中、下三个层次关系，即“乔木”“灌木”和“绿地”。所有树木都可以分为五枝，但不是每根枝条都粗细长短一致，颜色也不尽相同，要拿捏好远近关系，应把握“近实远虚”“先枝后叶”“先背光后受光”“先深后浅”几个原则。在上色时，树叶分老、中、青三层，在上色时可以通过几种绿色的过渡来表达。

在手绘中， 乔木、灌木、草地更多时候指的并不是植物学角度的植物种类的分别，而是在画面中所处于不同位置的分别，它们一起构成了手绘画面中有高有低、错落有致的植物配景，是画面节奏感的体现。

（1）乔木

按照生长特征和地域，乔木可以分为普通乔木和热带地区常见的棕榈乔木。普通乔木种类丰富，绘制时无须过于执着于树种的细致描绘，而应抓住其形态特征进行概括表达。这类植物的主要特点在于叶片和整体大的外形上，表现的时候先从大的外形入手，兼顾细节即可。同时要注意植物间的远近穿插关系，注意表现不同季节的变换。绘制时需注意可以多进行“锯齿线”的练习。由于植物自由生长的特征，绘制线条时走向要蜿蜒曲折，线头变化自然，注意轮廓随着形体的转折而呈现的不规则形态。常见的树冠概括起来形状有梯形、塔形、三角形和圆形（如图 6-1~6-3）。

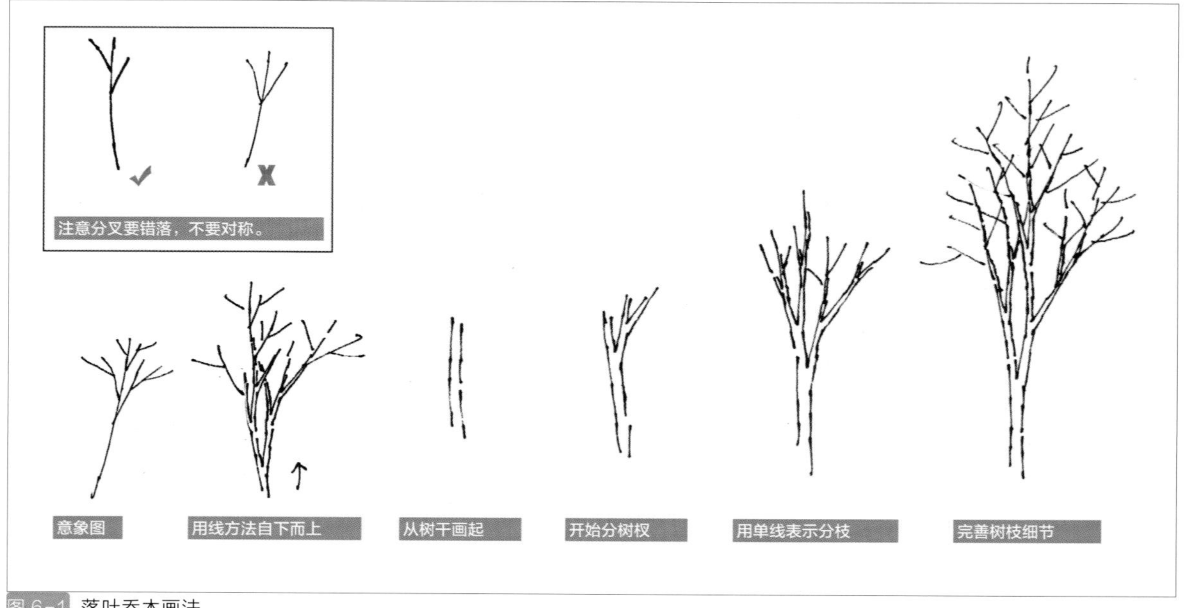

图 6-1 落叶乔木画法

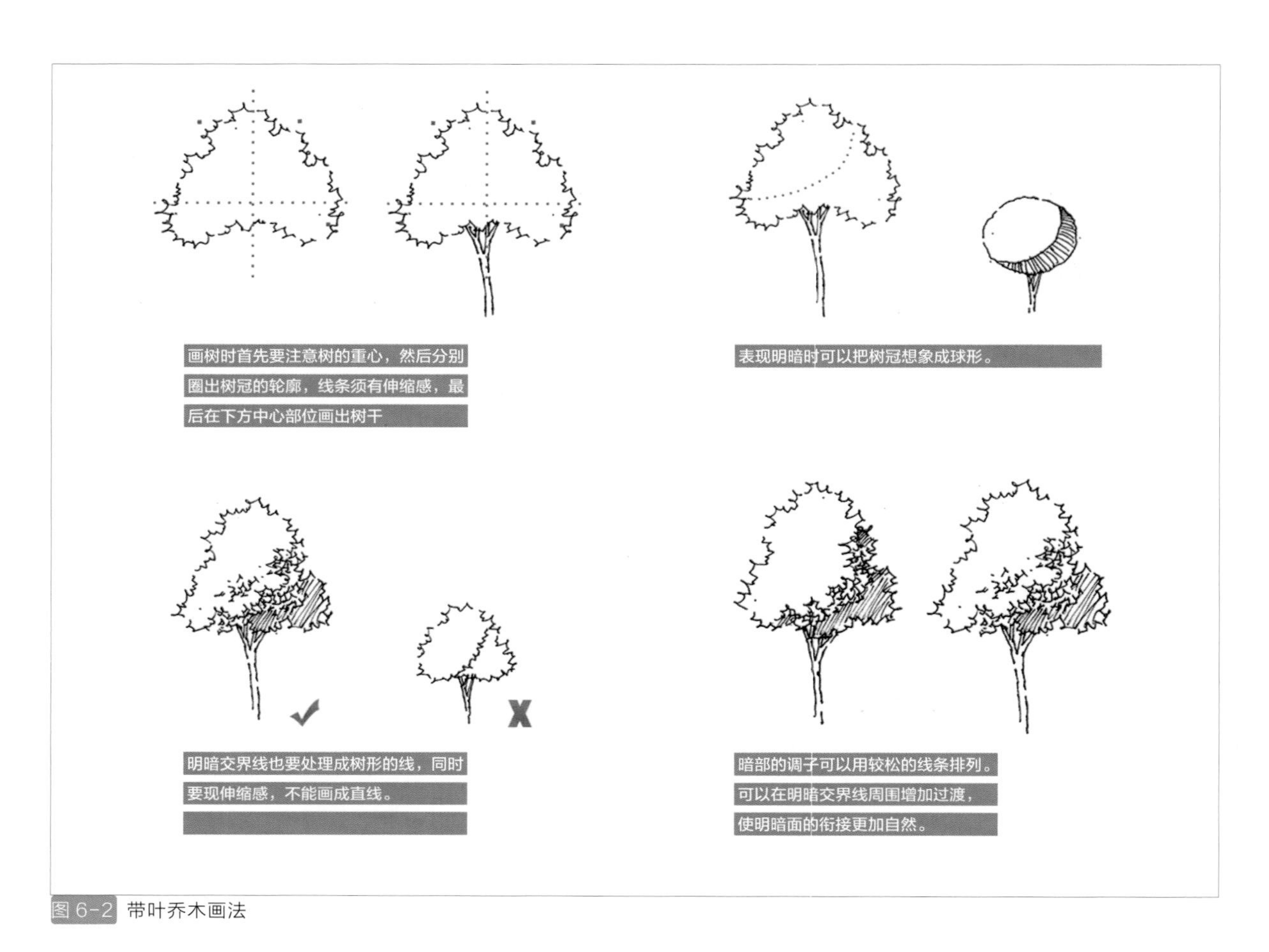

图 6-2 带叶乔木画法

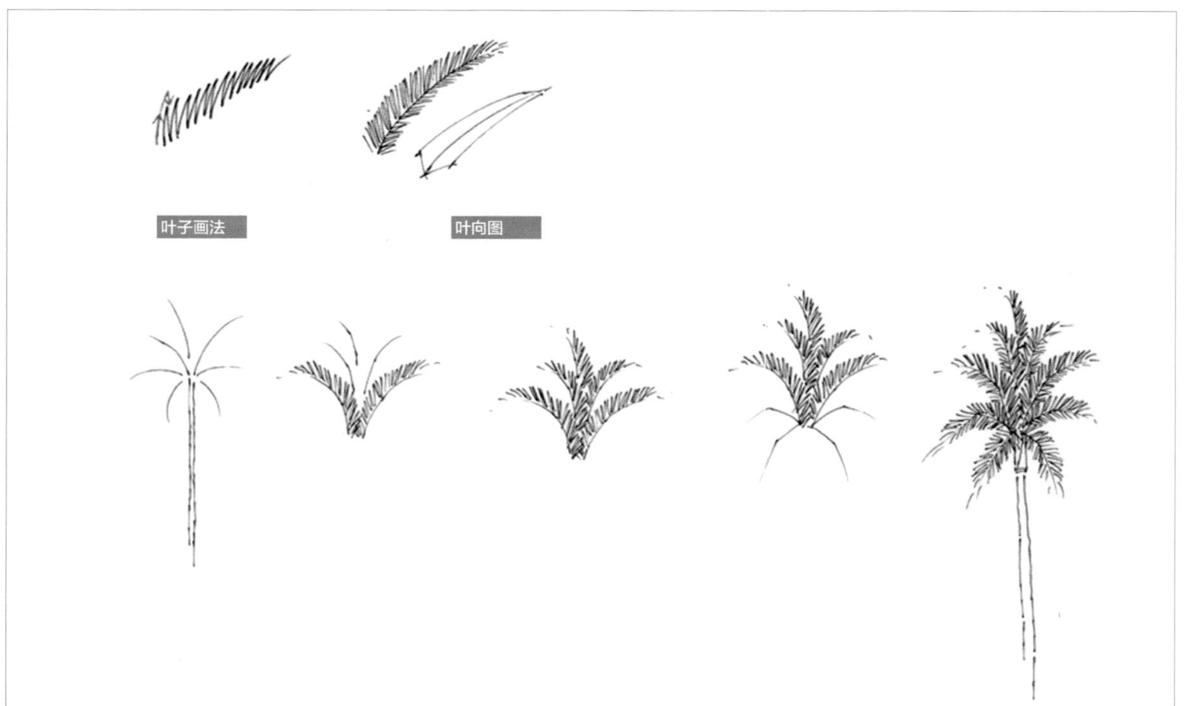

图 6-3 棕榈树画法

（2）灌木

灌木是众多低矮植物的统称，在画面中是比乔木低一级的植物配景，但是其作用绝不亚于乔木。灌木是点缀、填充、装饰画面的必要配景形式，如果没有灌木的贯穿，画面就等于失去了中层环节，所看到的就是孤立的树和房子，也就谈不到自然的环境气氛了。

灌木的表现内容和表现方式非常多，主要分为草丛、花丛、低矮灌木丛。草丛一般出现在近景之中，位置多在画面的角落，作用是烘托画面的自然环境气氛，但是草丛的组成内容不是单纯的草，而是由多种小型植物汇集的植物组团形式，因此草丛的画法没有特定的规则，但是不能平铺直叙，也要注意刻画一些层次比例关系；花丛有两种形式，一种近似于草丛，也同样汇集于画面的边角，在近景起装饰作用，表现需要细致一些，趋于写实，另一种是方案中经常出现的花池，通常被放在画面的中景部分，表现为连续的团状效果，不需要进行细致刻画；低矮灌木丛在画面中的表现十分概括，不适合作为近景使用，比较适合放在中景、远景，它的主要目的是用来烘托环境整体的自然环境氛围的，同时还可以起到遮挡和填充的作用，在绘制时，不用细致地将每一个细节都表现出来，只需将轮廓大致勾勒出即可，讲究的是节奏感及团状的体积感（如图 6-4）。

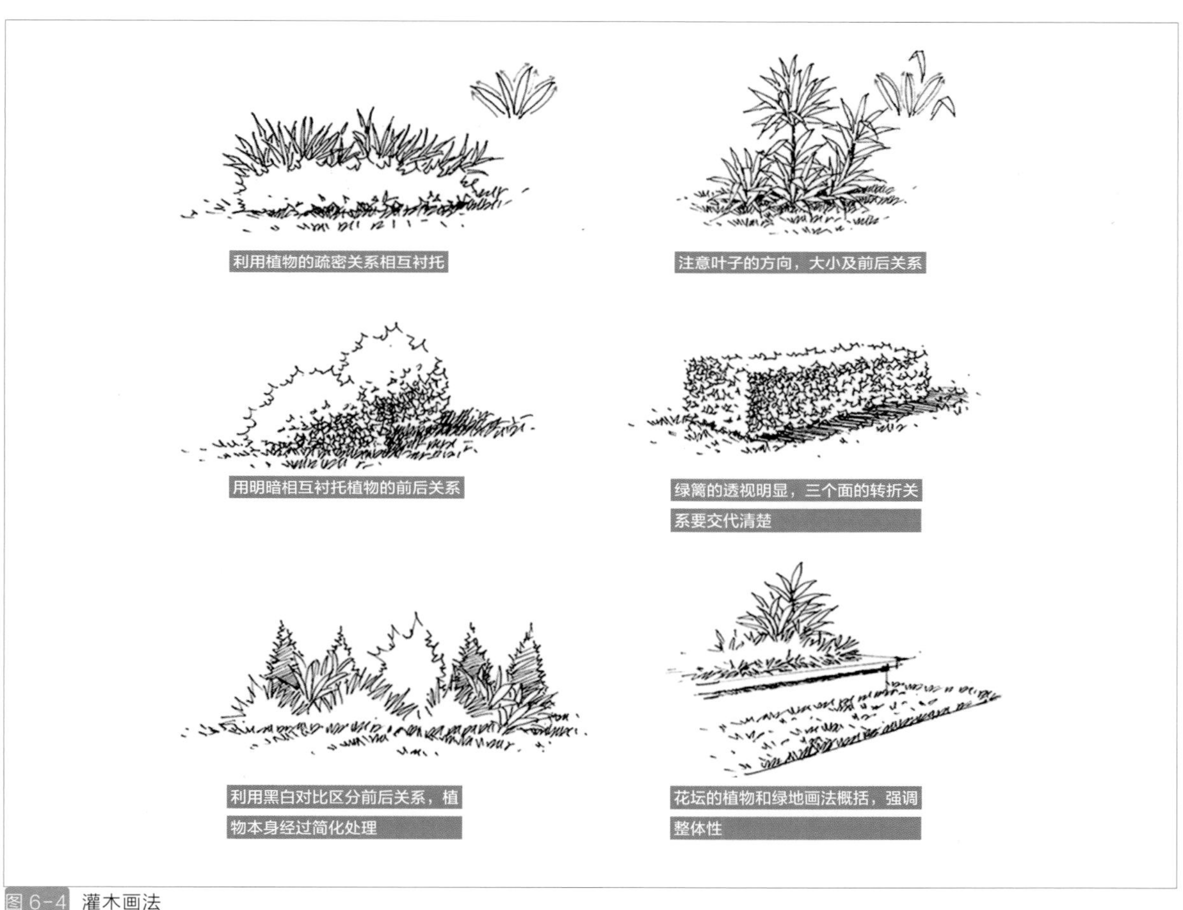

图 6-4 灌木画法

（3）草地

很多人认为，草地不需要刻画，只需要在最后着色时将其表现出来就可以了，这是非常错误的认识，草地在画面中通常都占有较大的面积，可以直观地体现出方案中的绿化比例，同时，它也可以为乔木和灌木提供一个很好的烘托效果，因此，我们绝不能省略掉对草地的表现。

绘制草地时可以用统一的笔触进行概括处理，以示与其他地面材质的区别。草地线条的绘制具有远近疏密及过渡变化，来形成参差不齐、错落有致的肌理，并通过适当地留白，产生光影的关系（如图 6-5）。

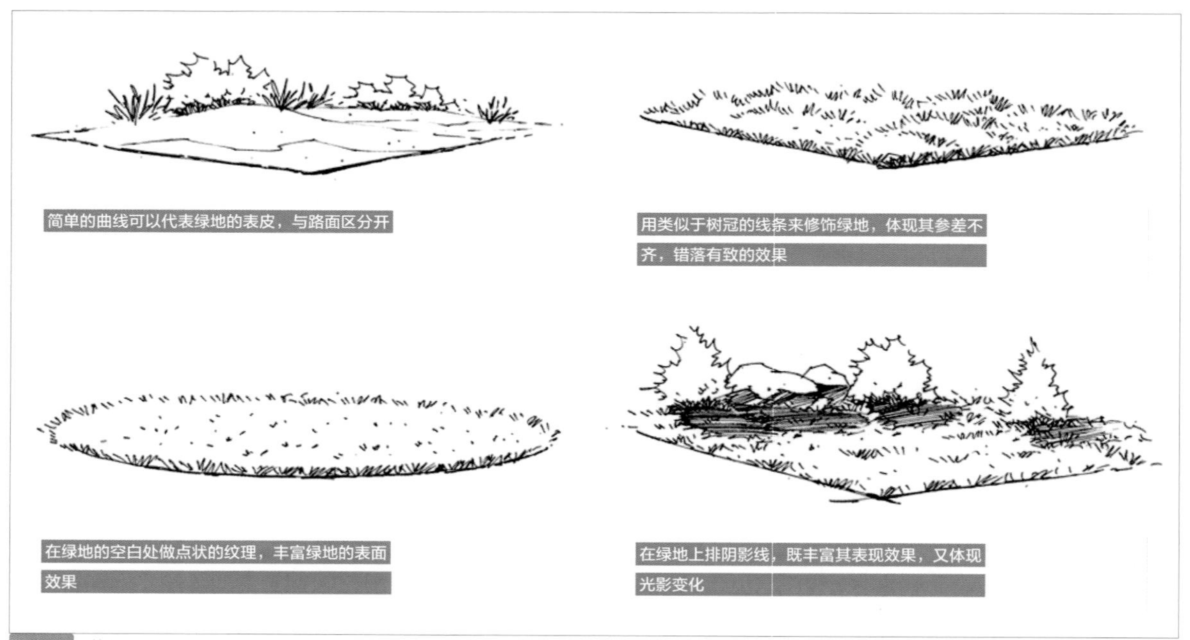

图 6-5 草地画法

（4）植物配景的景深关系

根据透视与距离的变化，植物的表达同样可以分为近景、中景、远景几种空间关系（如图 6-6）。

近景植物在视线上靠近观者的位置，在绘制时通常不画出其全貌，树干下部可用草丛及灌木进行遮挡，使之与地面关系自然过渡。

中景植物则与空间中的主体处于一个层次，相对来说其形体与明暗关系的表达要比较细致。并注意与建筑物之间的高矮对比。

远景植物的处理较为概括，可忽略其树叶的细小外形，只需要灵活绘制出它的整体轮廓即可。

图 6-6 植物组合

6.1.2 水体

水在景观设计中是很重要的一个组成元素，随着人们对自然环境越来越重视，越来越渴望亲近大自然，水这一浪漫唯美的元素在方案设计中也越来越多地被使用，因此手绘表现中对水的描绘还是很重要的，它已经不单单是用来烘托气氛的配景了。在手绘中，对于水的表现是根据设计方案进行的，通常以水面、跌水和喷泉等特定状态出现。

（1）水面

画水面主要画的是倒影效果，水中的倒影是通过一种折线形式的笔法表现的荡漾的水波。倒影不宜画得过密，更不能过于近似、均衡。采用折线的形式就是为了突出水岸的效果，以此来衬托水面，所以水面的部分大多是空白不画的。水中的倒影实际上是对岸景物的反映，这种折线表现形式突出的是概括性的效果，在实际表现时只要能适当体现岸边的实景就可了，不需要如实地反映景物的倒影细节。水面不是镜面，因此只要在符合大致透视关系的前提下，将倒影略加变形即可。另外，在表现倒影时，只需将临近岸边的景物表现出来即可，远离岸边的则不需要表现（如图6-7、图6-8）。

图6-7 水面画法

图6-8 水面画法

（2）跌水

跌水是指溪流、小型瀑布或水池的水流跌落形式，可体现出水流的自然动感。表现这种效果时通常应预先留出空白，而后添加自然的水流缝隙。如果使用铅笔作为工具进行表现，可以略微地将边缘虚化，这样整体看起来就会比较含蓄。如果使用绘图笔，则要用少量而快速流畅的纤细线条来表现水流的效果，用笔速度要尽量地快。对这种跌水的表现不论采用铅笔还是绘图笔，都应该是略加修饰的处理，线条和笔触不能过多过密，要以预留出的空白为主体（如图 6-9、图 6-10）。

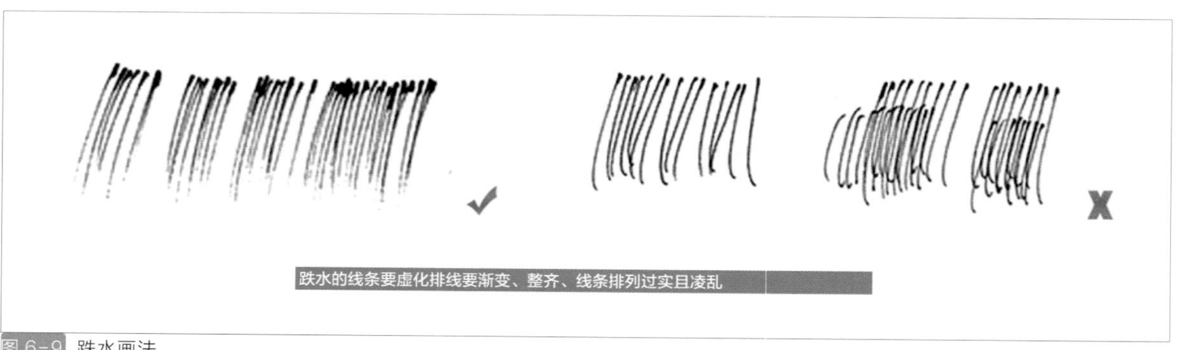

图 6-9 跌水画法

图 6-10 跌水画法

（3）喷泉

喷泉的种类很多，但是基本上可以概括为两种主要形式。一种是喷射效果，轨迹是抛物线形式的水柱。表现这种效果要预先留出空白，随后用笔将边缘稍加强调。另外，还可以用橡皮、水粉白等修改工具修出其形态，以突出水柱的体积感。另一种是喷涌的效果，即现在很常用的喷泉形式，在设计中强调自然效果，通常高低不同的分散形式点缀于水面。这种喷泉的表现突出的是“涌”的效果，最好事先将它的形态轻轻地勾画出来，形体轮廓要用圆润的曲线形式表现，左右的水花形态各异，水面涌动起伏，但不要过分夸张，以至于影响水柱的整体形态（如图 6-11~图 6-13）。

图 6-11 喷泉形式

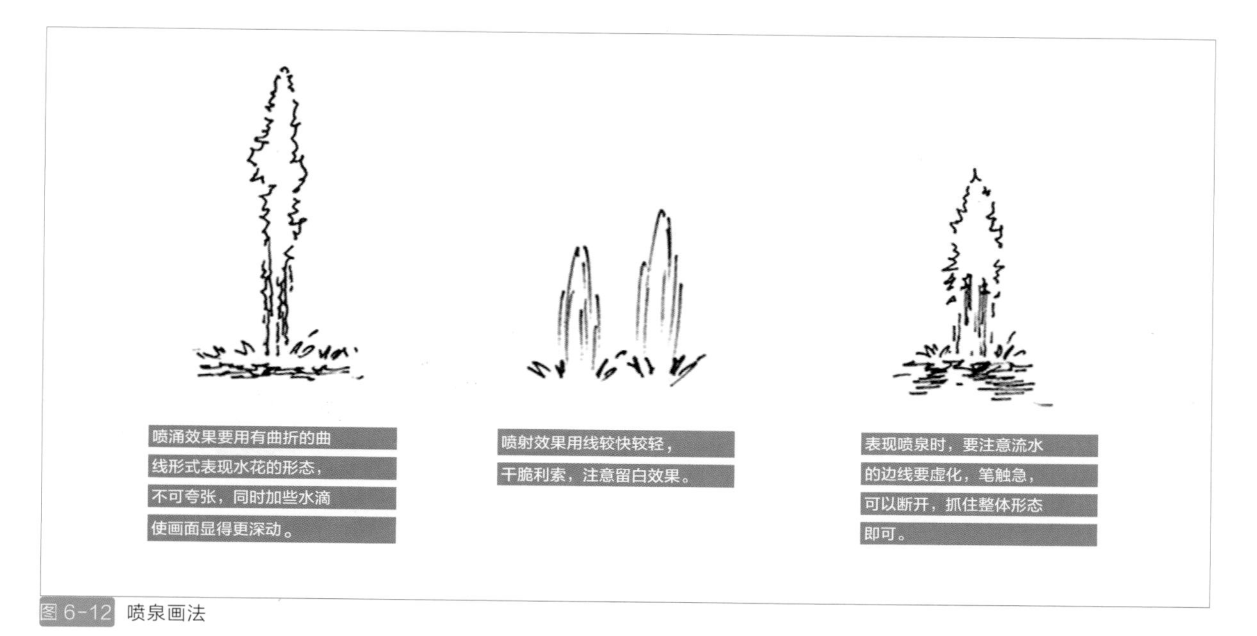

图 6-12 喷泉画法

图 6-13 喷泉画法

6.1.3 石头

在手绘表现中，石头通常有两种表现形式，一是与水相邻，作为岸边石出现，这种石通常较为圆润，体积大小不一，表现时可以与水相连，但是水中的倒影就可以忽略不计了；二是落地石，这里的地可以指草地也可以指地面，这种石头较于岸边石会稍稍刚硬一些，在表现时还要将石头下面的物体（如草地、路边等）顺带表现出来，以示石头的落地效果，手绘中石头的表现往往以群组形式出现，不太适合单独表达，在描绘时要注意石头与石头间体积大小的层次关系（如图 6-14、图 6-15）。

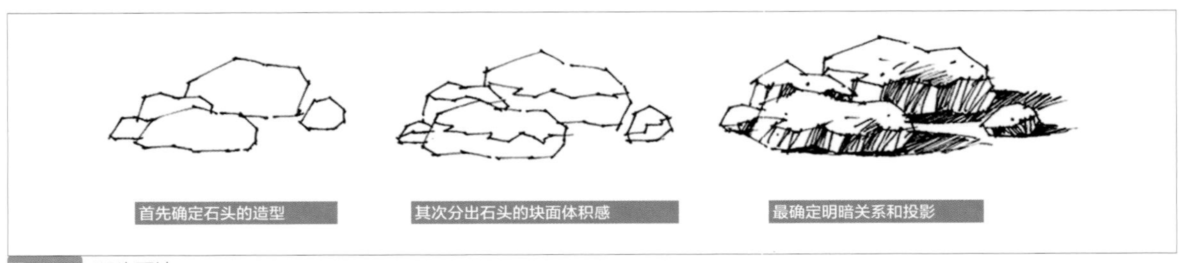

图 6-14 石头画法

图 6-15 石头组合

6.1.4 铺装

铺装在手绘表现中通常比较概括，根据地面材质的不同通常可以分为砖面、石板、卵石、木栈道等。

无论何种铺装，都要注意收边处理，这样会显得比较细致。要进行整体透视关系的把握，近大远小、近疏远密。铺装不适合表现得过于细腻、真实，应该进行概括性表达。对一个区域内单一样式的铺装尽量不要画满，特别是对近景部分，要做适当省略，这样可以增强手绘效果的体现。虽然是概括性的表现，但对材料的质感要做适当体现。另外，对不同铺装材料要采用不同的用线方式，根据情况灵活变化、处理，不能拘泥于单一的形式（如图 6-15）。

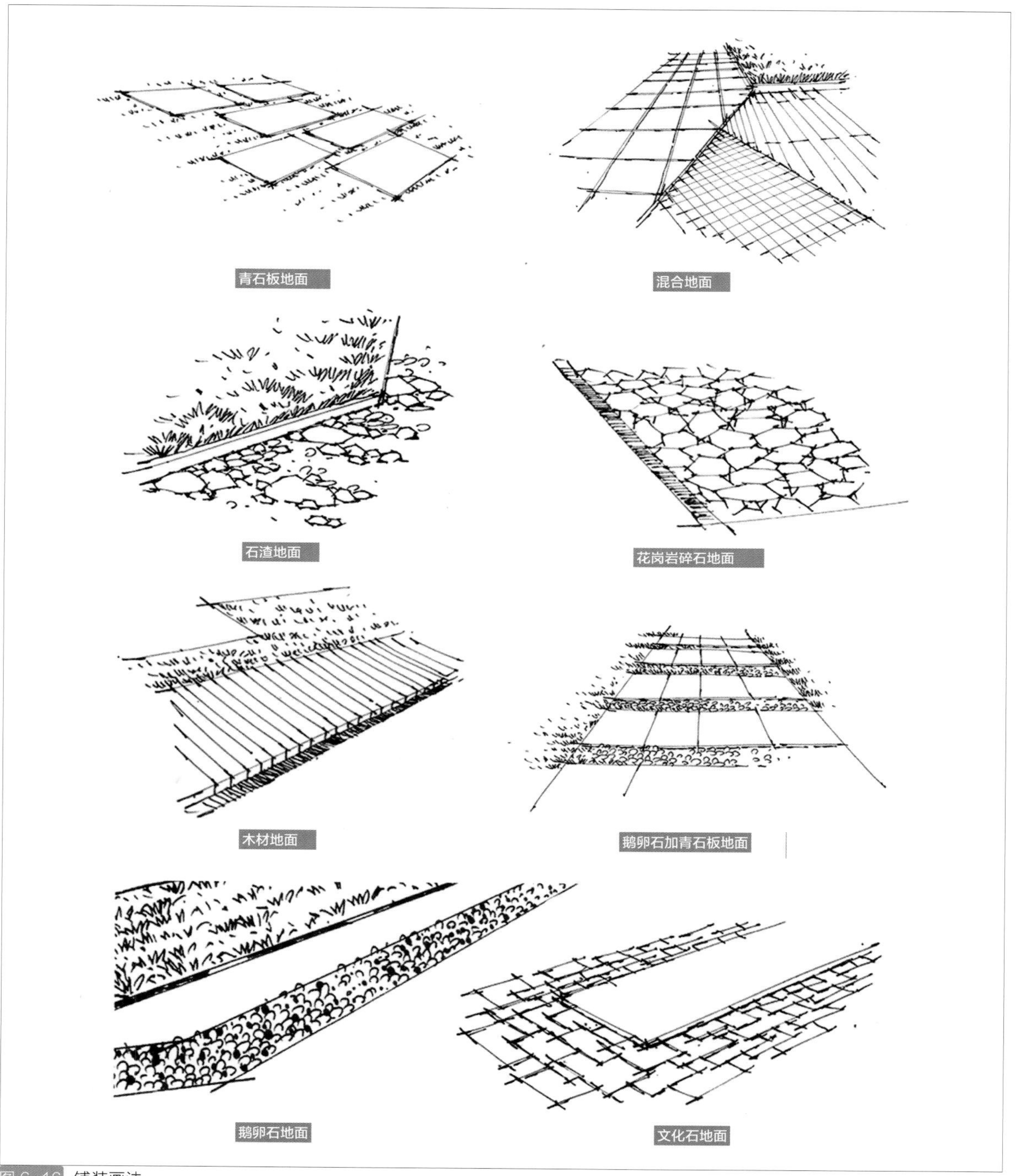

图 6-16 铺装画法

6.2 景观手绘线稿步骤

线稿要求构图大小适中、透视准确、比例协调、主次分明、线条流畅、能够明确体现设计意图。

6.2.1 一点透视线稿步骤

步骤一：先确定画面中的视平线（视平线一般为人的视线，高度 1.7 米）和灭点，然后确定该物体的大小比例及方向，简单地把物体的基本造型用铅笔描绘出来。

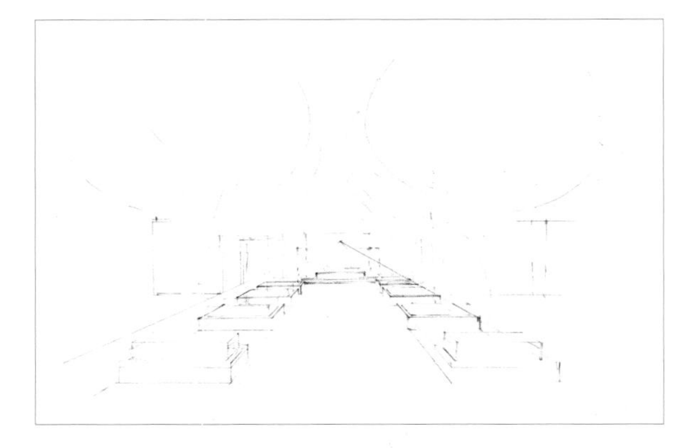

步骤二：对于前景，中景的物体进一步刻画，特别强调前面的植物造型的美观性。当设计物体为重复再现时，要注意空间比例，近大远小。

步骤三：当前中景的物体造型已经刻画完备，继续把左右手两边的配景完善。为了强调画面视觉中心，对于前景再进一步细画，如把草皮细画，并添加小鸟和小孩强调场景的氛围感。

步骤四：对画面造型细节、空间远近、明暗光影的调整。对前景的植物和远景背景墙做更细致的刻画，产生更深远的空间关系。

6.2.2 一点斜透视线稿步骤

步骤一：先确定画面中的视平线（视平线一般为人的视线高度，1.7 米），然后确定一点斜透视中的灭点。再者就是确定画面物体的大小比例及方向，简单地把物体的基本造型用铅笔描绘出来。

步骤二：根据第一步刻画的基本形，进行前景中景物体造型的细节刻画，特别强调前面的植物造型的美观性。利用植物的大小关系拉开空间的前景中景景深关系。

步骤三：当前景中景的物体造型已经刻画完毕，接下来就是刻画物体质感，如地板等的材质刻画。然后进一步完善后景的物体关系，这一步不需要进行细节刻画。

步骤四：对画面造型细节、空间远近、明暗光影进行调整。对于前景和中景物体的造型用更重的笔做强调，然后确定光的方向，刻画物体的明暗关系和投影关系。

6.2.3 两点透视线稿步骤

步骤一：先确定画面中的视平线（视平线一般为人的视线高度，1.7 米），然后确定两点透视中的两个灭点。再者就是确定画面物体的大小比例及方向，简单地把物体的位置用铅笔描绘出来。

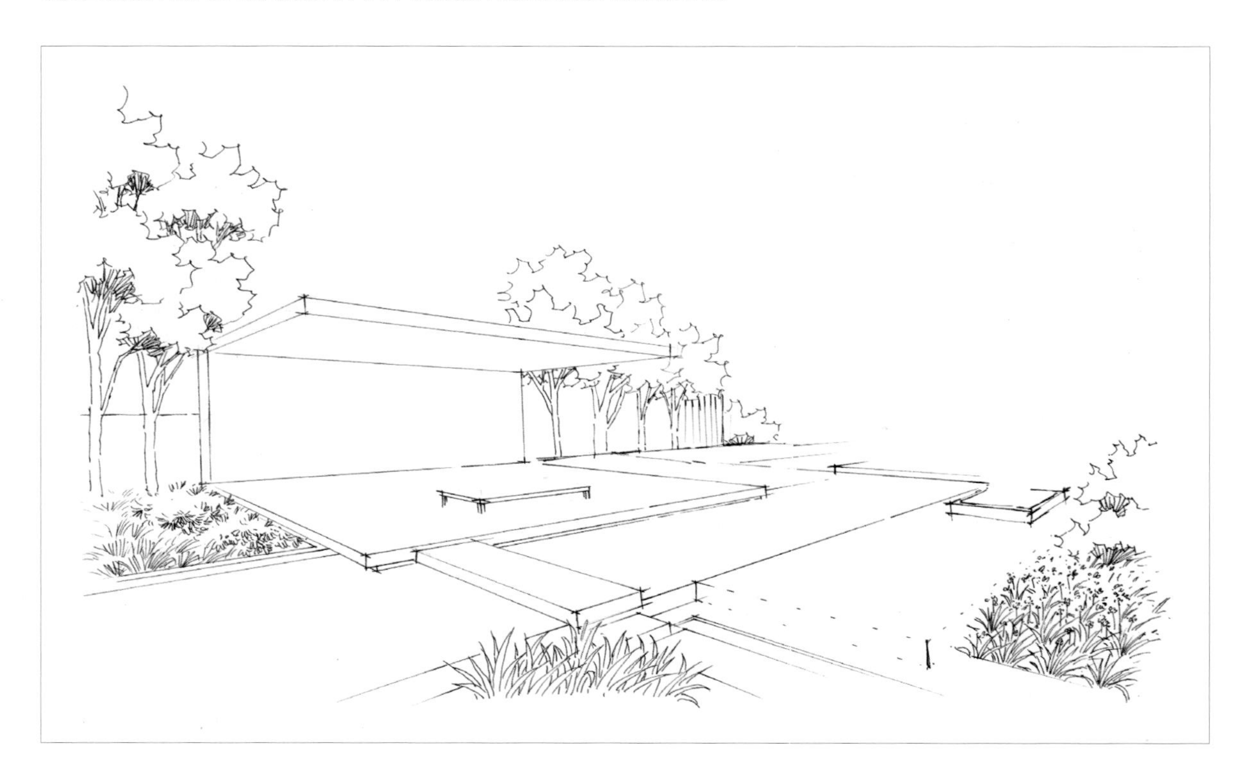

步骤二：根据第一步刻画的基本形，接下来进行前景中景物体基本造型的刻画，为了强调画面的景深关系，对前面的植物造型做更细致的刻画。注意硬装设计的造型比例和高低错落关系。

步骤三：当前景中景的物体造型已经刻画完毕，接下来进一步强调物体的设计造型和材料质感，如休闲平台等，为了点缀和美化画面，在右边加了一棵树。然后进一步完善后景的物体关系，这一步不需要细节的刻画。

步骤四：对画面造型细节、空间远近、明暗光影进行调整。所以对于前景和中景物体的造型用更重的笔做强调，如休闲平台的明暗关系用了灰色的马克笔来刻画，对中景树的枝干做强调。然后确定光的方向，刻画物体的明暗关系和投影关系。

6.3 景观手绘上色步骤

着色时先要想好基本色调搭配，挑选好搭色常用的马克笔色号。着色时先从主色调、浅颜色、大面积进行铺色，建议初学者把原稿复印，然后用复印稿去着色，这样可以把原稿保存起来，可以随时复印研究不同的着色方式、色彩搭配。

6.3.1 局部景观

步骤一：画好线稿，要求结构线条要清晰，交叉的地方宁可出头不可断。刻画线可适当虚化，以拉开远近虚实关系。曲线等不规则线条可适当用抖线。

步骤二：景观手绘上色一般应先处理主体，主体上色也要注意虚实处理关系。

步骤三： 配景处理也要注意远景关系要适当拉开，近处的植物运用亮色处理，远处的植物运用暗色处理，同时也要注意配景不能抢主体的风头。配景的深度与主体几乎一样时，可以不必对配景做进一步地加深。

步骤四： 进一步凸显出主体，使画面更有空间立体感。加深阴影关系，用更深颜色的笔甚至可以用黑色来处理阴影。学会用补色可以很好解决画面过于单调的问题，一幅画面中适当点缀一些互补色可以带来“画龙点睛”的效果。

6.3.2 日式宅邸庭院

步骤一：从植物、灌木开始着色，着色时先从物体固有色调、浅颜色、大块面积进行铺色，在铺色过程中注意色彩的变化、近景与远景的色彩对比。

步骤二：开始进行石头和水体的着色，注意石头与水体之间色彩的衔接过渡，过程也是从浅色到深色，从主色到附属色的过程，着色过程中要注意马克笔笔触的粗细、轻重急缓，这关系到色彩的微妙变化，同时要注意到灰色与亮色之间的比例关系、位置关系。

步骤三：接着开始进行建筑的着色，注意建筑物的造型和材料关系，建筑中有钢材、木材、玻璃材料等环境色调，绘制时要注意色彩与明暗变化的融合、对比。绘制钢材和玻璃时用笔一定要快速，有明显的笔触，而且要有环境色的反射效果。不同的材料纹理与色调的邻近色变化，水景与铺装冷暖色调的对比，阴影的深灰重色使画面更加沉稳、有层次。

步骤四：开始进行植物和光影细节的着色，注意乔木与灌木之间色彩的衔接过渡，过程也是从浅色到深色，从主色到附属色的过程，着色过程中要注意马克笔笔触的粗细、轻重急缓，这关系到色彩的微妙变化，同时要注意灰色与亮色之间的比例关系、位置关系。然后确定每个物体的投影关系。

步骤五：最后是对于物体材料质感的调整和天空着色、整体画面。例如，建筑钢材、水体和玻璃都有明确的高光，可用涂改液和高光笔对于钢材、水体和玻璃做亮面高光的刻画。

6.4 景观设计手绘图例

景观设计手绘效果图中常见植物、小品组合以及黑白场景表达、上色场景表达图例参考。植物是景观设计当中的亮点所在，对于植物素材的采集可以通过大量的快速手绘训练来进行积累。

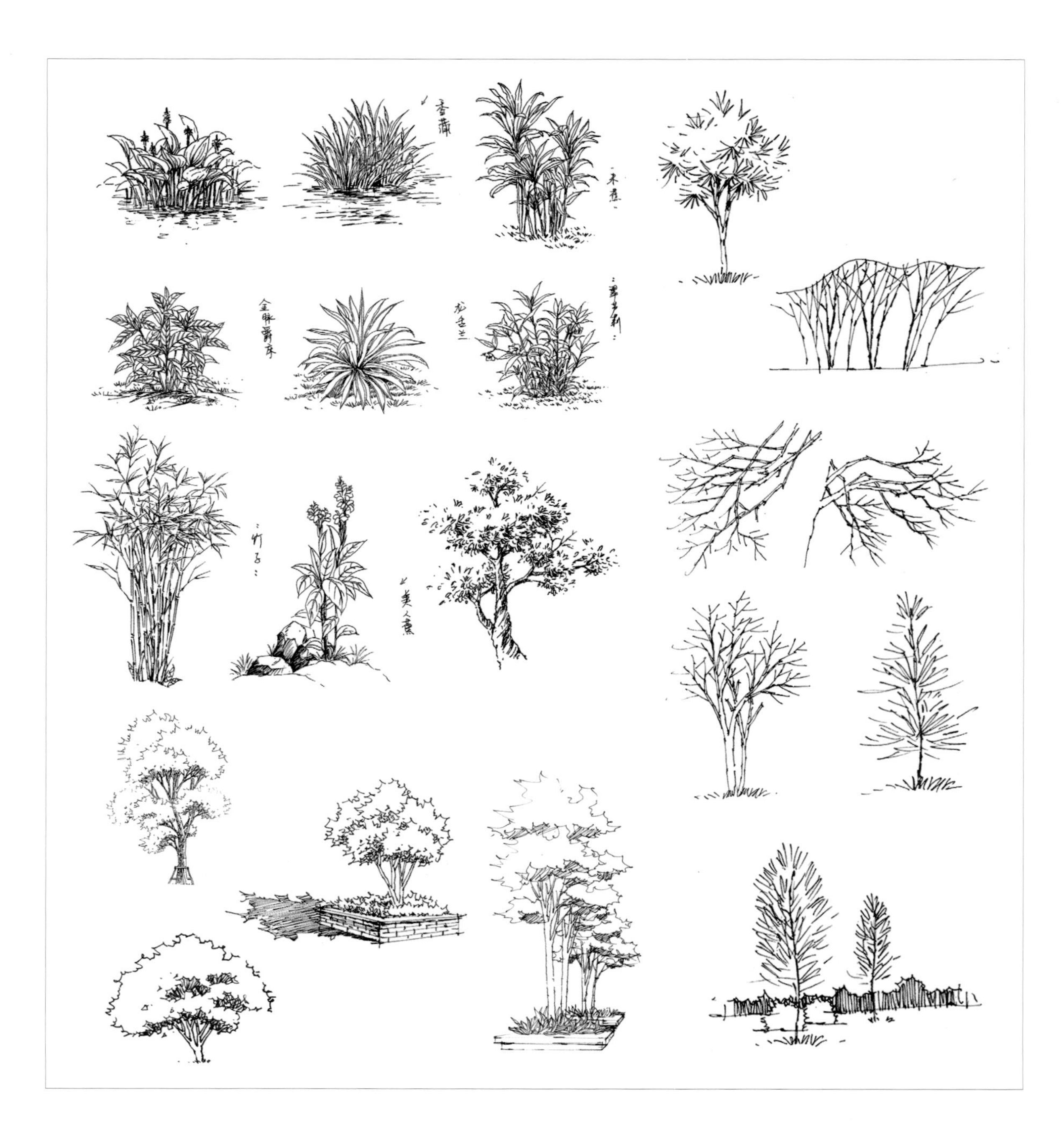

07

室内设计手绘表达

室内设计手绘表达就是在室内设计过程中，把方案的构思及效果在限定的短暂时间内，用理想化的方法展现出一种物化的绘画形式，这种绘画形式是以艺术与工程技术相结合为前提，以图解思考为理论依托的。而“物化”就是设计师把头脑中的计划、构想、研究等思维意图通过图示语言使其视觉形象化。

7.1 室内家具

练习绘制手绘家具时，只需要在方体加减的基础上稍加变化，适当地处理家具中的曲线和弧线关系，并刻画材质细节即可。在绘制部分曲线时可以采用分段连接的方式，但要注意尽量保持线原本的结构关系、精准度和流畅度。

7.1.1 沙发

绘制沙发时要从整体入手，简洁、概括、生动地进行表现，特别要注意组合沙发之间的透视比例关系和虚实处理。要了解最新的款式、结构和材料。

（1）单人沙发

单人沙发的长度在 800~950mm，宽度在 850~900mm，沙发的靠背高度在 700~900mm，坐高在 350~420mm。虽然长宽基本相等，但是由于透视原因，在表达时要注意视点侧重哪个面，如果侧重正面，那么正面的透视线不会有太大变化，侧面的透视线角度就会相对缩小。

绘制时先用铅笔定位沙发的投影，并注意透视要准确。然后用单线画出沙发的靠背、扶手和坐垫高度。在单线的基础上刻画沙发轮廓，刻画时要注意形态的准确性。之后画出沙发的外形，用线要肯定有力，转折部位要清晰。最后画出沙发的阴影效果。在手绘中，阴影的处理要概括，用简单的线条体现出形体的转折关系即可，排线的方向要统一（如图 7-1）。

（2）转角沙发

初学者练习绘制转角沙发时，可以先用铅笔画出沙发的地面投影，并注意转折部位的透视。之后勾出沙发的外形结构，用针管笔画出沙发的具体形态。最后添加阴影效果（如图 7-2）。

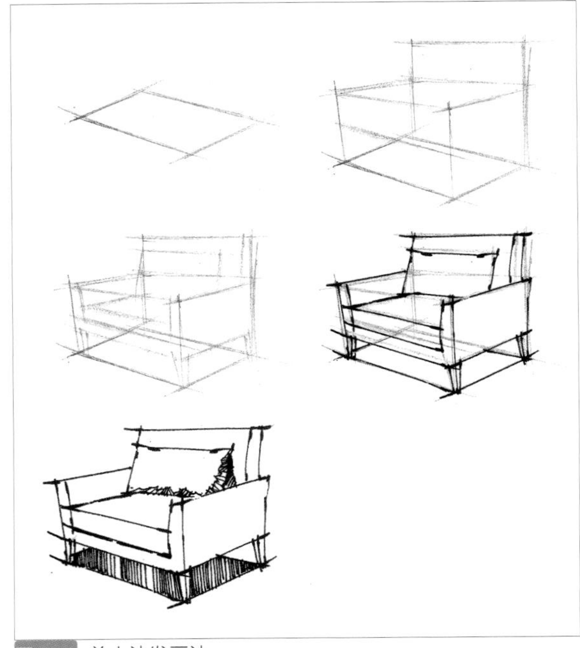

图 7-1 单人沙发画法

图 7-2 转角沙发画法

7.1.2 椅子

椅子是一种日常生活家具， 根据实用性质的不同，椅子包括多种形态，而且由于材料、结构等的差别，又可以形成许多不同的形式。椅子的设计涉及功能、造型、材料、结构、技术、艺术等多方面要素，有深厚的理论基础和广泛的应用实践价值，更是家具设计水平的最好体现。

（1）扶手椅

椅子长度在400~500mm，宽度在350~450mm，坐高大约在400~450mm。绘制时先用铅笔画出椅子阴影，然后用单线画出椅子的靠背、扶手和椅坐的大概位置。在单线的基础上大致勾勒出细节。用针管笔画出其结构，最后深入细节、添加阴影效果（如图7-3）。

（2）转椅

绘制转椅时需要注意，转椅的椅脚与一般座椅不同，是由几个滚轮合成的一个圆形，因此，在做第一步地面投影时，应绘制一个椭圆形的透视投影。之后步骤同上（如图7-4）。

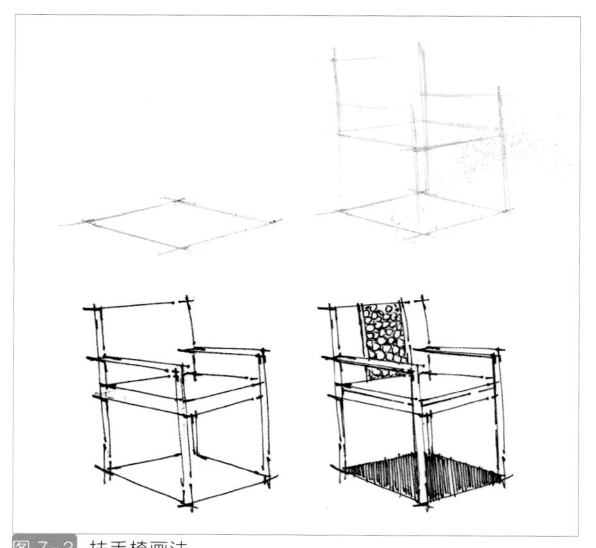

图7-3 扶手椅画法

图7-4 转椅画法

7.1.3 桌子

以书桌为例，一般书桌的高度大约在750mm。按照之前的绘图步骤先绘制出桌子的地面投影。用单线将书桌归纳成一个长方体，绘制结构。之后用针管笔勾出其外轮廓，添加阴影效果（如图7-5）。

图7-5 办公桌画法

7.1.4 床

双人床的长度在 2000mm 左右。宽度在 1500mm~1800mm。从地面到床垫的高度多为 450mm~500mm。绘制时要注意床的长宽比例，注意根据视点位置来调整其透视变化。

绘制时先用铅笔画出投影，单线画出床体高度，将形体归纳为几何体，之后画出床和床头柜的细部结构。最后用针管笔勾出其外轮廓，绘制床单的布褶效果及阴影细节。由于床单的材质为软质的布料，因此在绘制时线条要稍微画得松软一点，体现其柔和的效果（如图 7-6）。

图 7-6 双人床画法

7.1.5 灯具

灯具形态各异，造型多变，重点把握灯具的对称性和灯罩的透视，特别是灯罩的透视很难准确地把握。我们需要先去透彻地理解，总结出简单直接的方法，再去深入刻画灯罩部分。我们可以先将其理解为简单的几何形体，根据灯具所处空间的透视，做出辅助线，连接空间透视的消失点，将灯罩的外形“切割”出来。再去画出形体的中线，刻画灯具主体。用这样的简单方法练习几次就能够很好地掌握灯具的表达技巧（如图 7-7、图 7-8）。

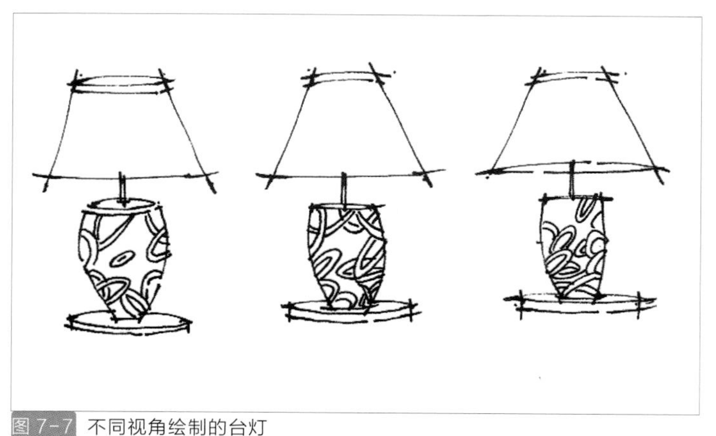

图 7-7 不同视角绘制的台灯

图 7-8 个性化台灯

7.1.6 织物

织物能够使空间氛围亲切、自然，可运用轻松活泼的线条表现其柔软的质感。织物柔软，没有具体形体，在表达的时候容易将其画得过于平面，失去应有的体积感，柔软的质地不能很好地表达出来。表现织物时线条要流畅，向下的动态要自然。要注意转折、缠绕和穿插的关系。表达布艺花纹的时候，线条要根据转折、缠绕和穿插发生变化。刻画底纹的时候线条要根据整体形体的透视变化而变化，注意穿插关系和遮挡关系，控制好整体的层次和虚实，把握好整体的素描关系。

（1）抱枕

表现抱枕时要注意明暗变化及体积厚度，只有有了厚度，才能画出物体的体积感。先将抱枕理解为简单的几何形体，进行分析。在刻画抱枕的时候线条不能过于僵硬，注意整体的形体、体积感和光影关系。通过几何形态把握大的透视关系，然后用流畅的弧线勾勒外形，再去丰富纹样等细节，表现一组抱枕时，通过体块找准透视形态，然后进行勾勒，注意穿插和前后遮挡关系（如图 7-9）。

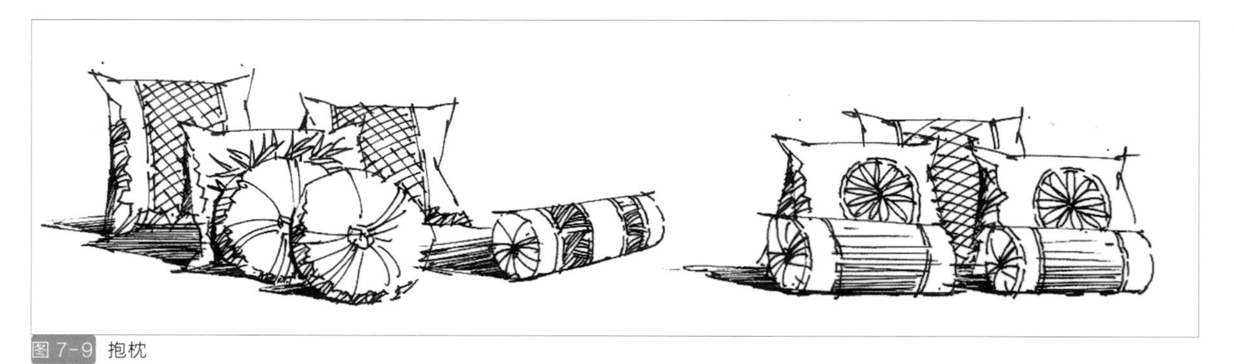

图 7-9 抱枕

（2）窗帘

窗帘是居室的有机组成部分，同时窗帘在实用功能上也具有独特的审美价值。在画图的时候，大家可能觉得窗帘布料又难画又麻烦，但其实画布料的过程是很有趣的。只要你掌握了关键点就很容易上手。首先确定光源和布料的受力情况，控制好线条并画出大的结构走向，细化质地，注意明暗的处理。和别的固体物件一样，布是立体的，画的时候要注意转折处的纹理走向，透视变化。质感偏硬的布料，边缘线条相对较直，有锐利的转折；质感偏软的布料，边缘过渡柔和，没有锐利的转折，褶皱也比较柔和（如图 7-10）。

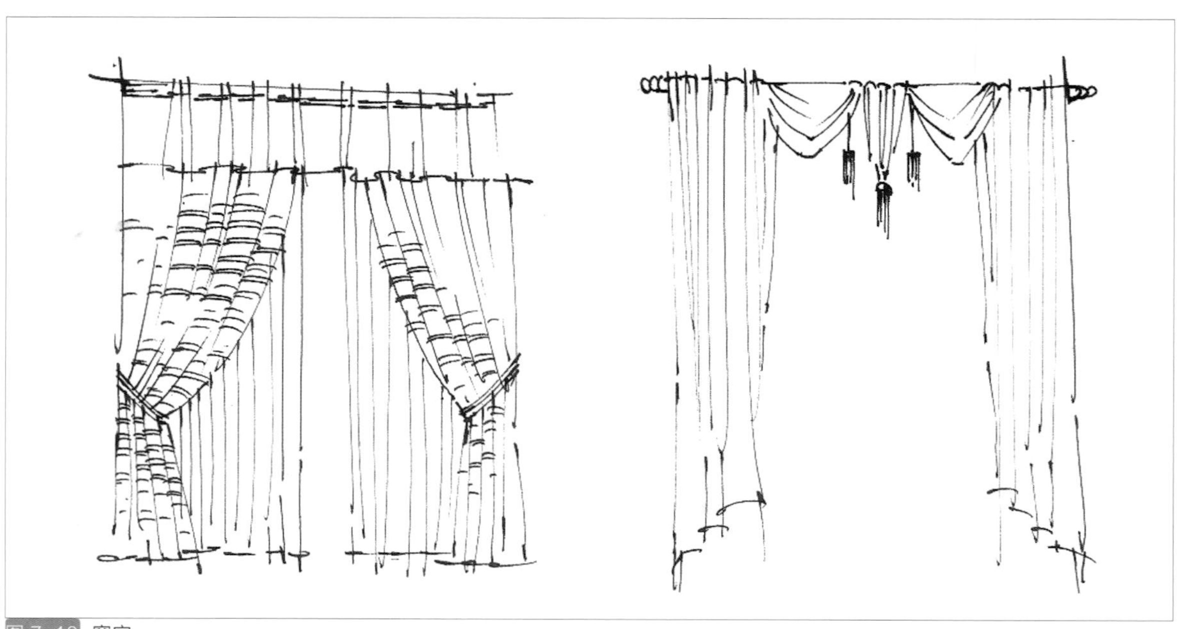

图 7-10 窗帘

（3）床品

床有透视关系，床品也有透视关系。近大远小，画出透视的趋势即可，对于大块留白地方可添加细节或用不同色调加以区分。床品的下摆最能体现织物的感觉，层次都能体现柔软感，还有床面上的抱枕等装饰物的转折形状的阴影也能体现景深感（如图 7-11）。

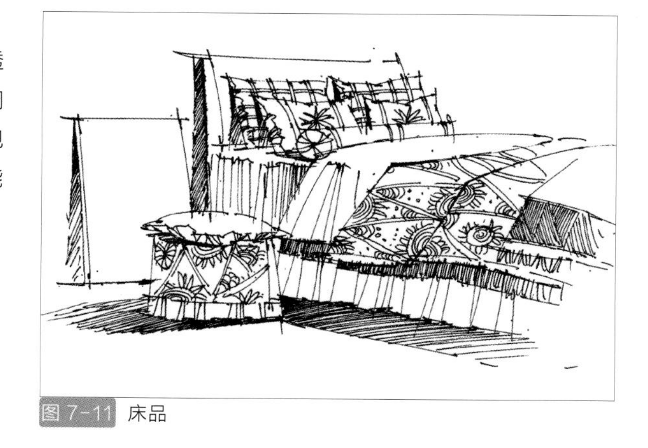

图 7-11 床品

7.1.7 花艺与绿植

室内绿植通常在整个室内布局中起到画龙点睛的作用，在室内装饰布置中，我们常常会遇到一些死角不好处理，这时利用植物装点往往会起到意想不到的效果；如对楼梯下、墙角、家具转角处或者上方、窗台或者窗框周围等的处理，利用植物加以装点，可使空间焕然一新；在画室内效果图的时候植物同样也有“近景、中景、远景”，也就是近处，空间中的植物和远处的植物（阳台、窗外）的植物，我们在手绘表现的刻画中要注意其中的虚实关系。

（1）近景植物

近景植物通常用来平衡画面让整个空间和画面更加生动，在刻画时要注意其生长动态，要简化并虚实表达，不可画得过于细腻（如图 7-12）。

图 7-12 近景植物

（2）中景植物

画面中心的植物表达是我们刻画的重点，需要细处理。绘制时要注意植物本身的生长动态及其中的穿插关系、疏密关系，也要注意植物与其他陈设的遮挡关系（如图 7-13）。

（3）远景植物

阳台或窗外的植物，可交代室内的外环境，烘托整个室内的气氛，用简单轻松的线条去勾勒植物的外形，简单的虚化处理即可（如图 7-14）。

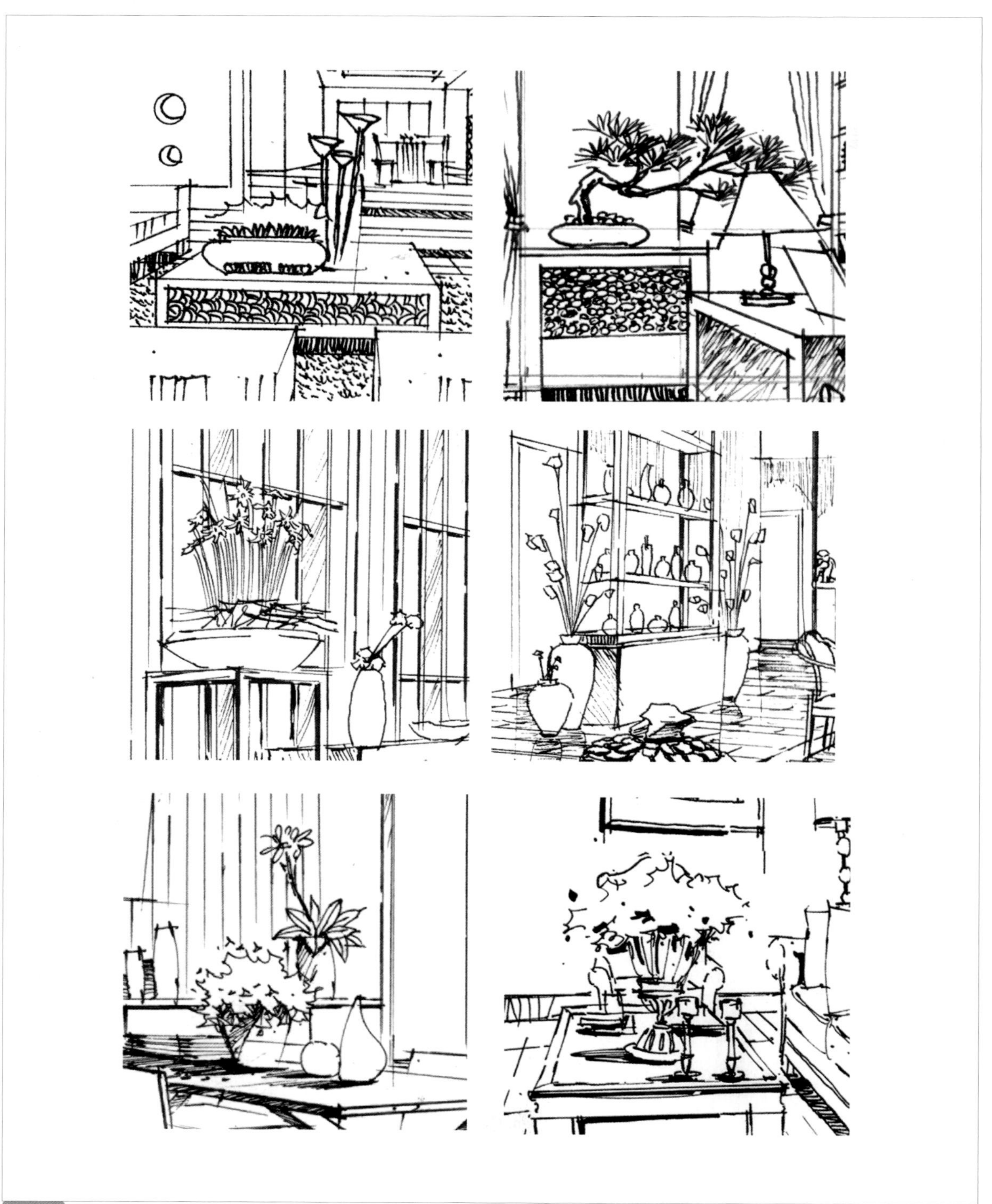

图 7-13 中景植物

图 7-14 远景植物

7.2 室内手绘线稿步骤

用铅笔定位空间的基准面、视平线和灭点，然后根据灭点向基准面的 4 个直角的位置连接透视线，形成空间的进深。用单线条画出天花板和墙面造型的基本框架，注意所有的透视线都应和灭点相交。定位空间中家具的投影，在画的过程中只要注意相互之间的比例关系和位置感即可。概括出空间家具陈设的基本形态，同时也要注意物体彼此之间的位置和比例。用勾线笔勾出空间形体的轮廓线。

7.2.1 一点透视

步骤一：画出最远的那个面，然后定出灭点，借助尺子，画出空间的框架，最后画出家具等的平面透视关系。在画出空间透视后，根据平面上的家具定位，表示出家具在空间中的具体位置，可使下一步家具的绘制变得更为简便。

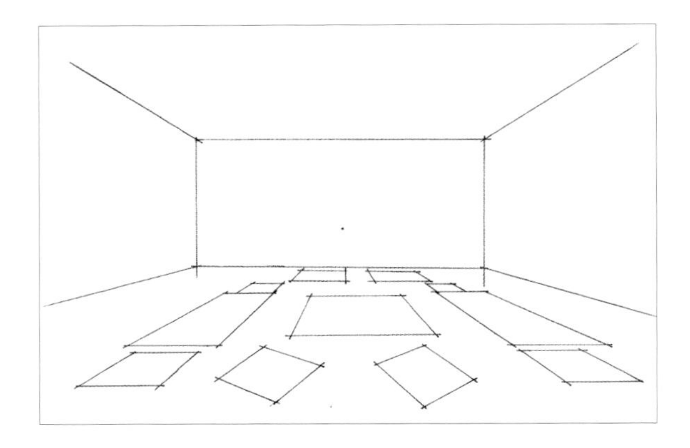

步骤二：在空间里根据上一步的家具定位，把家具“立起来”。

步骤三：在体块的基础上勾画出物体的结构与纹理，去掉多余的辅助线。

步骤四：深入刻画家居陈设等物品，最后完善构图，强化结构及画面主次虚实关系。

7.2.2 一点斜透视

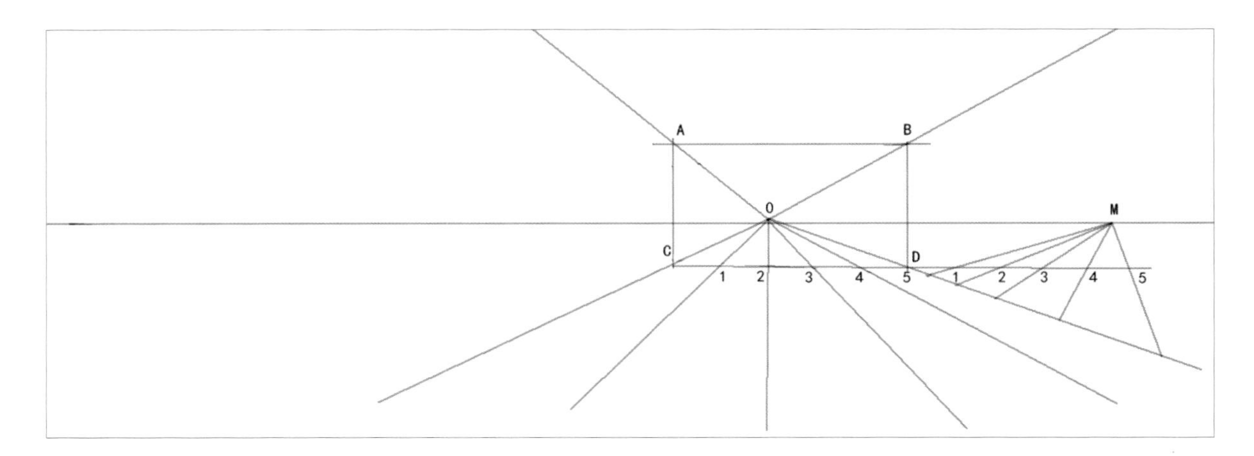

步骤一：参照一点透视定出内框。

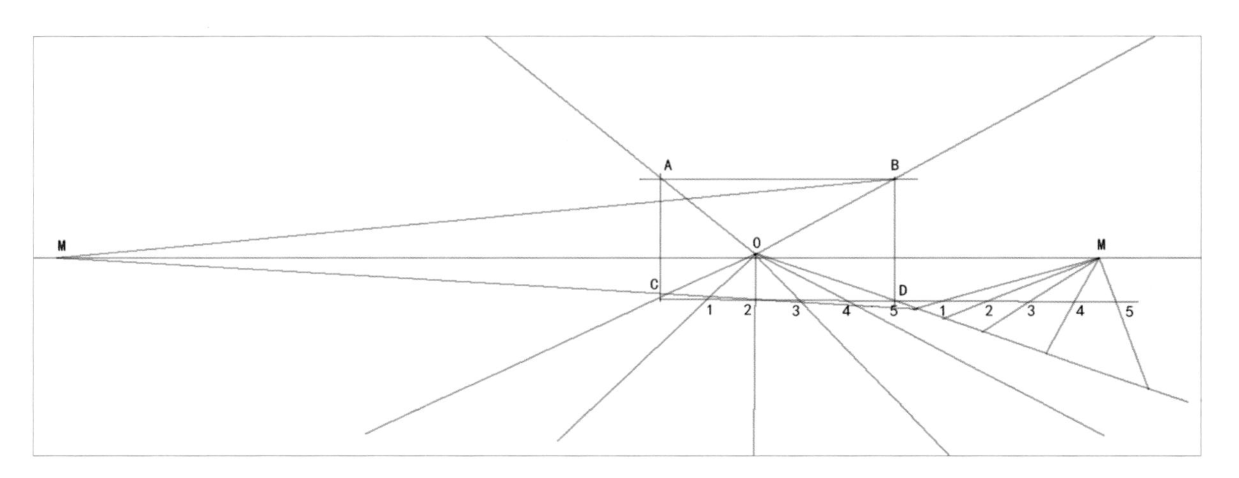

步骤二：连接 M 点所产生的进深点（左边）。

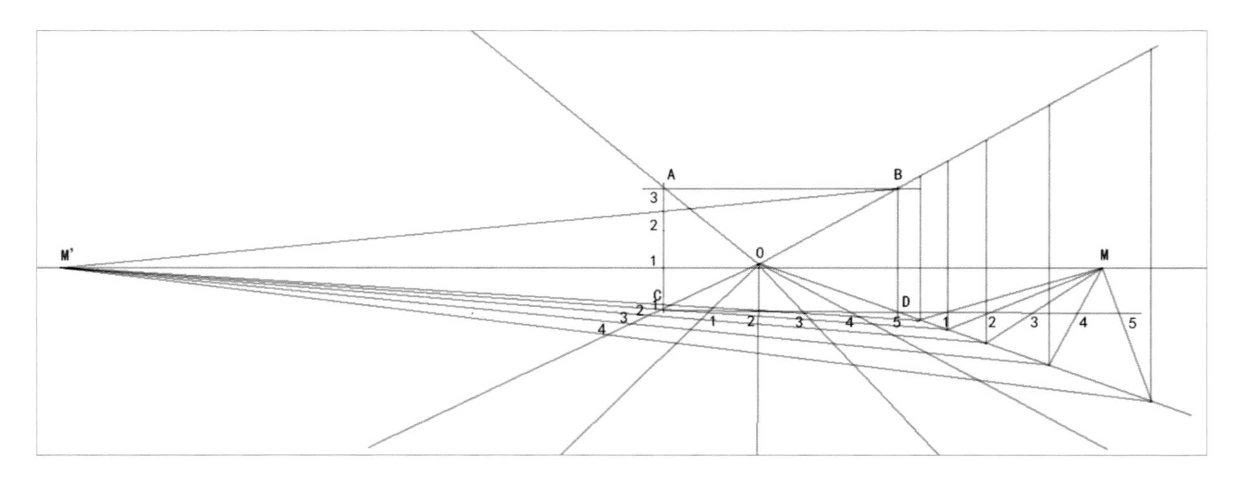

步骤三：分别连接 M 点所产生的进深点（右边）。用一点斜透视表现室内效果图时视平线定得不宜过高，画面内的消失点不要在“一侧”，不要在中心，以免产生错误的效果。

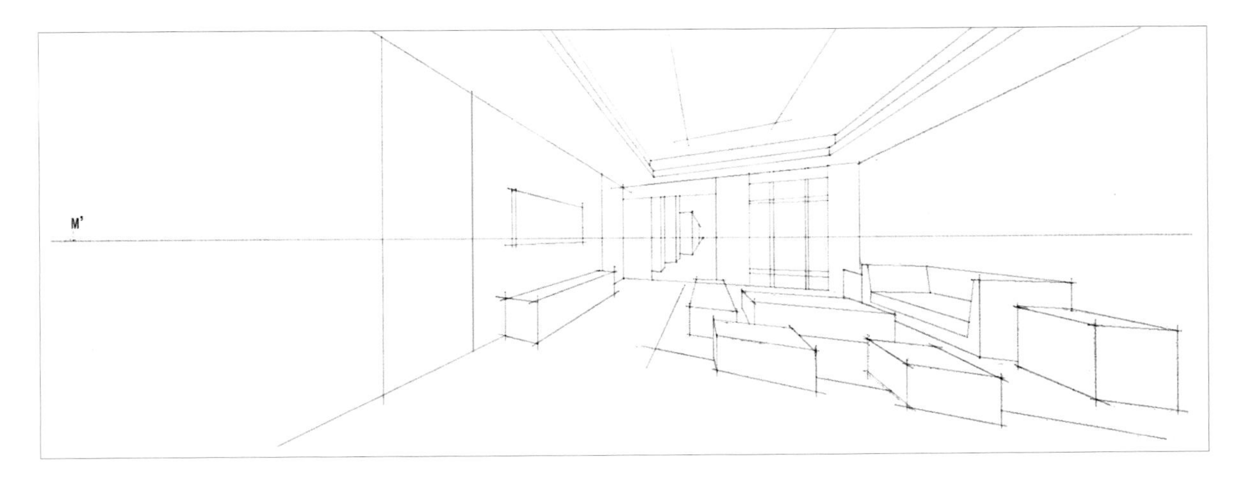

步骤四：根据进深点和高度确定陈设的空间投影位置。

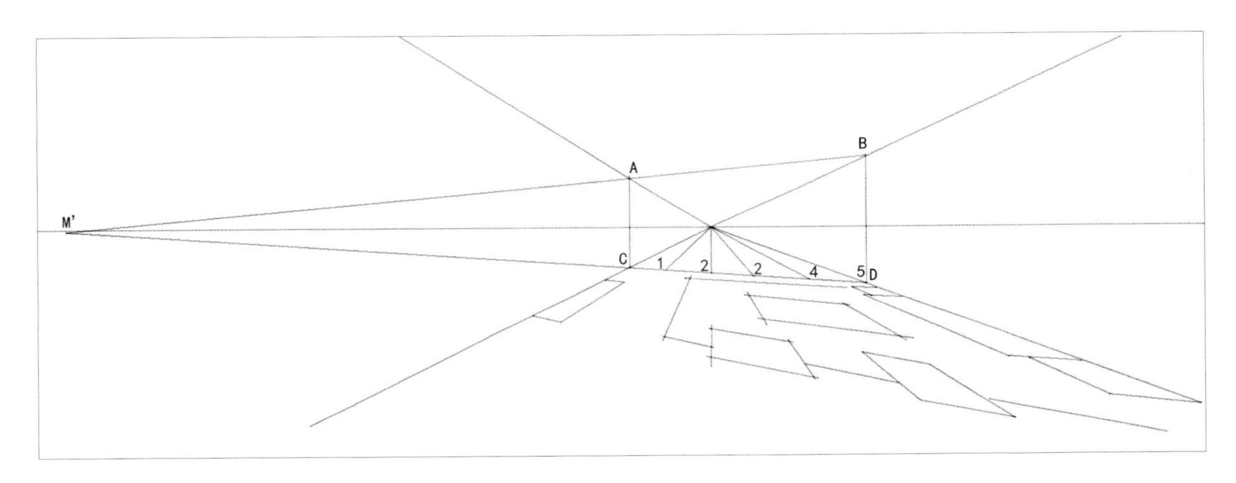

步骤五：根据平面投影位置定好陈设的垂线。

步骤六：先对物体进行造型、材料质感的刻画，然后进行明暗投影的刻画。

7.2.3 两点透视

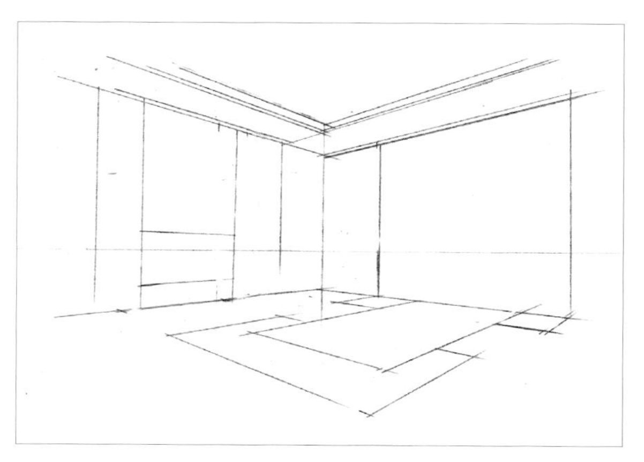

步骤一：用铅笔定位空间的真高线、视平线和灭点，然后根据灭点向真高线上下两点位置连接透视线，形成空间的进深。要注意的是，两点消失在视平线上，消失点不宜定得太近。在室内效果图表现中，视平线一般定在整个画面靠下的 1/3 左右位置。需要注意的是，天花板部分的两条透视线往往要比地面部分的透视线斜度大，这是因为视平线压低，否则就会形成俯视效果。绘制真高线时不要画得过长，以免影响近处物体的表达。用单线定位墙面造型和地面家具投影。

步骤二：

然后描绘家具造型的整体形态，要注意家具的比例关系一定要符合人体工程学，将其以几何形体的形态展现出来。

步骤三：接着细化空间物体的造型，要根据物体的设计造型来刻画，注意形体细节的转折和透视。为了使画面构图更为和谐，此时又添加了一棵植物。

步骤四：随后对于物体的造型材料和纹样进行进一步刻画，如木地板、地毯、背景墙、阳台等。在体块的基础上勾画出物体的结构与纹理，去掉多余的辅助线，深入刻画家居陈设等物品，最后完善构图，强化结构及画面主次虚实关系。

步骤五：最终强调出床品、地板、窗帘的材料纹理细节和光影关系。在塑造地板的时候要严格注意条纹的透视关系，其间距不要画得过大，也不要过于紧凑。

7.3 室内手绘上色步骤

画面着色应遵循从上到下，或是先背景后主体的原则，由浅至深画出界面大的色彩关系，要注意图面的留白，还要考虑色彩叠加后产生的画面色彩的变化。由于室内的摆设在图中所占的面积比较小，为了起到画面色彩的互补作用，可以用较冷的颜色将它们给表现出来。

步骤一：首先对于主体物进行固有色的着色，因为是木材，有一定的光泽和反光关系，所以画面用轻重对比的笔触和局部留白来表示质感。

步骤二：进一步对电视、抱枕、地板、柜子着色，要注意的是，不同材料质感应用不同笔触进行表现。

步骤三：接着对主体物进行细节的着色，如强调就餐区和电视区的空间关系和材料质感关系，再对文化墙进行了材料和装饰画的着色，为了强调空间感，加深投影的着色。

步骤四：最后是对物体材料质感和空间关系的调整。如电视、电视柜、地板和桌子都是硬质的材料，有着明显的高光，所以绘图者用涂改液和高光笔对此做亮面高光的刻画。

7.4 室内设计手绘图例

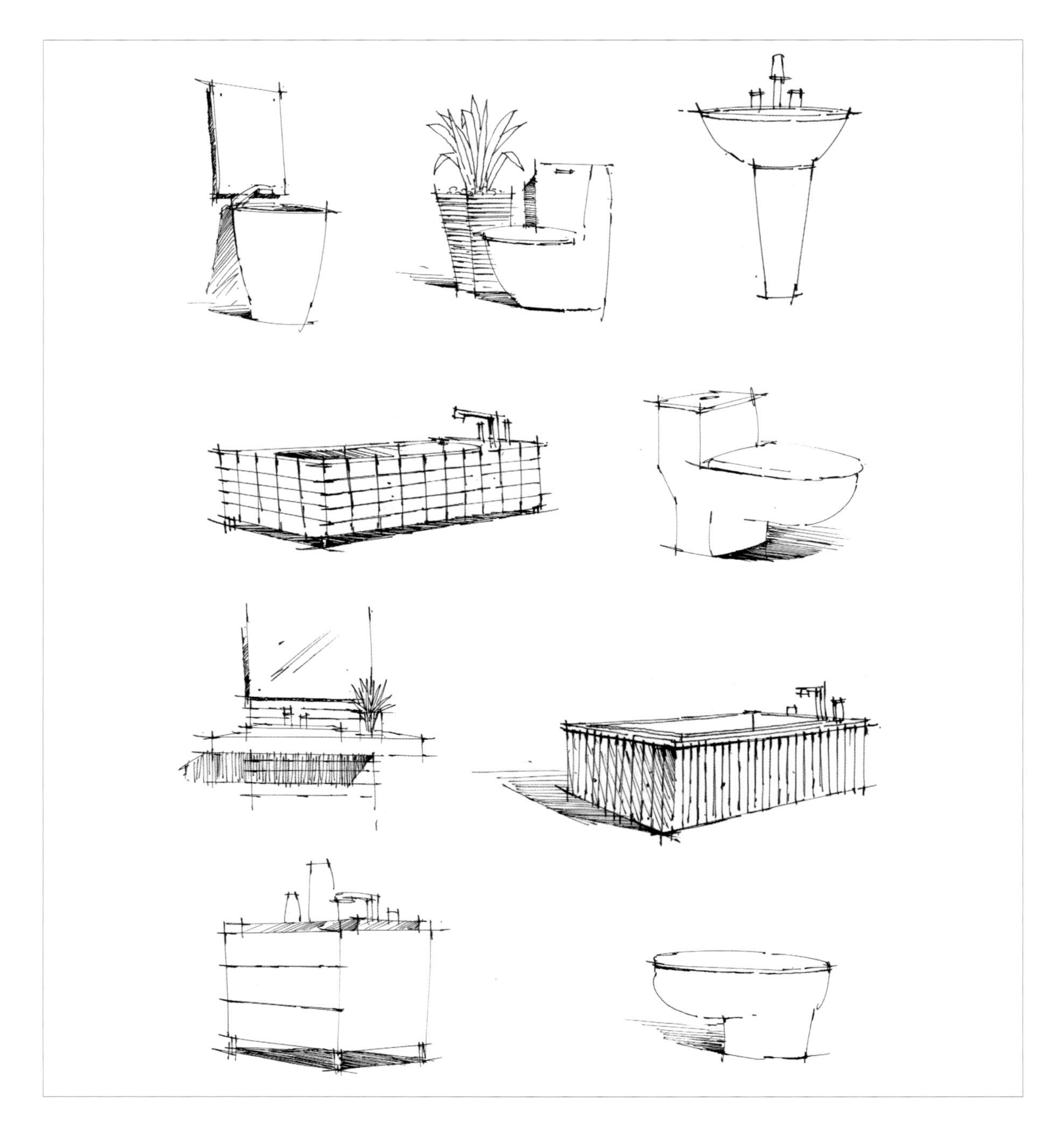

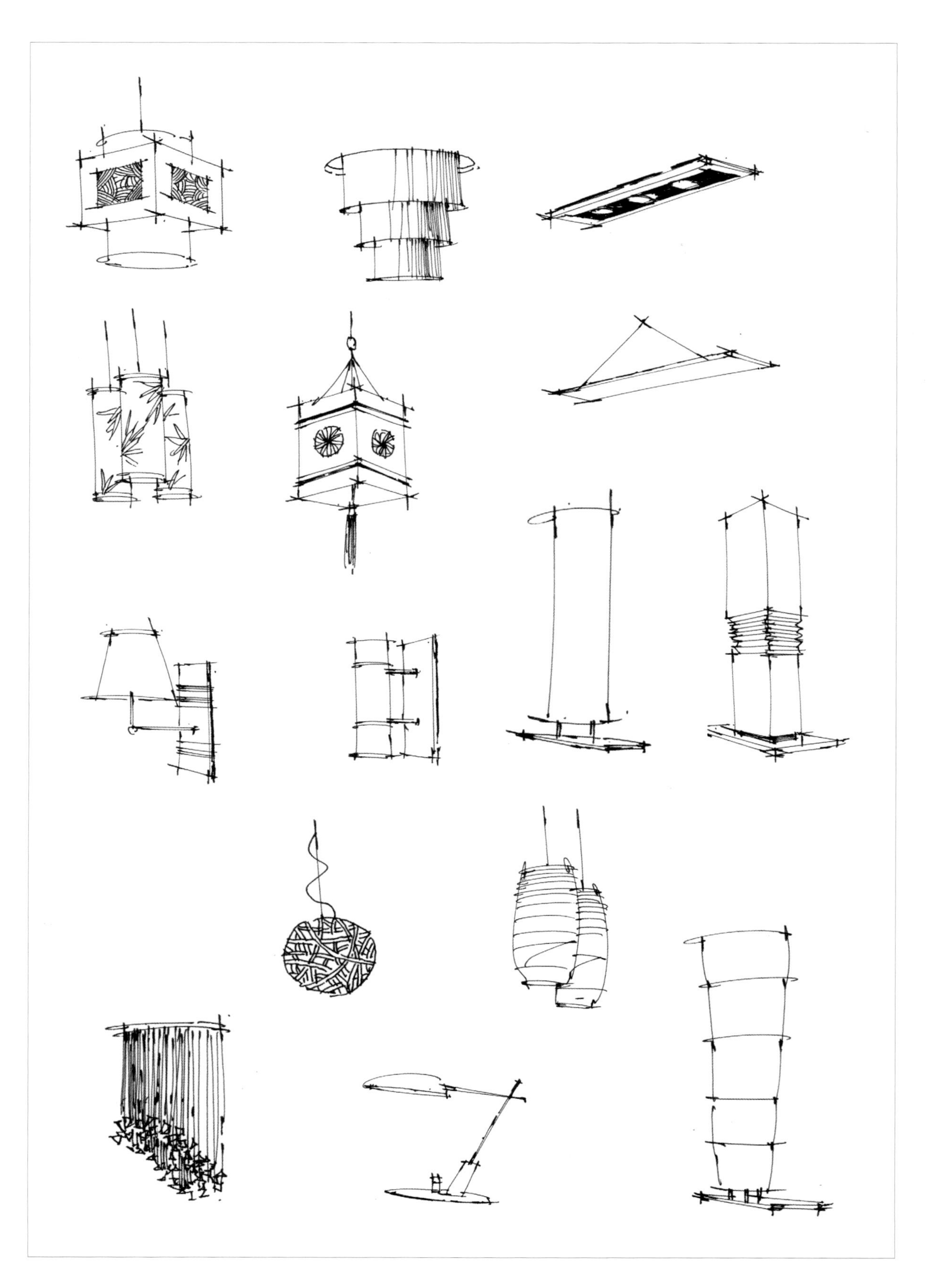

2016.11.6.

2016.11.6.

展示设计 手绘表达

展示作为“空间立体的传播媒介”，是传播信息的重要途径，展示艺术则是以科学技术为设计手段，利用现代媒体对展示环境进行系统的策划、创意设计和运作的多学科交叉的综合视觉艺术。纵观人类文明发展史，我们可以非常清楚地看到展示艺术所起到的重要作用，展示活动一直伴随着人类社会的文明进步而不断发展变化着，展示作为人类互相交流和传递信息的媒介，发挥着其他艺术形式不可替代的功能。

8.1 展示单体

展示道具是展示活动中用于安置、围护、承托、吊挂、张贴展品所用的器械。如展架、展台、展板、展柜等。它的重要性体现在它的形态、色彩、肌理、材质、工艺及结构方式，往往是决定整个展示风格和左右全局的至关重要的因素。展具列为工业产品的范畴加以制造，特别是现代展具。展具先进性与否，反映了一个国家展示水平的高低。

8.1.1 展架

从 20 世纪 60 年代起，一些发达国家就开始研制和生产各种拆装式和伸缩式的展架系列。利用拆装式的展架体系，不仅可以方便地搭成屏风、展墙、格架、摊位、展间及装饰性的吊顶等，而且可以构成展台、展柜及各种立体的空间造型。可拆装的组合式展架，通常是由一定的断面形状和长度的管件及各种连接件所组成（如图 8-1）。

8.1.2 展柜

展柜是展示空间以真实的态度和艺术效果向观众展示展品的空间，是与和观众进行无声交流的直接场所，同时也起着保护展品安全的作用。展柜类通常有立柜、中心立柜、桌柜和布景箱等（如图 8-2）。

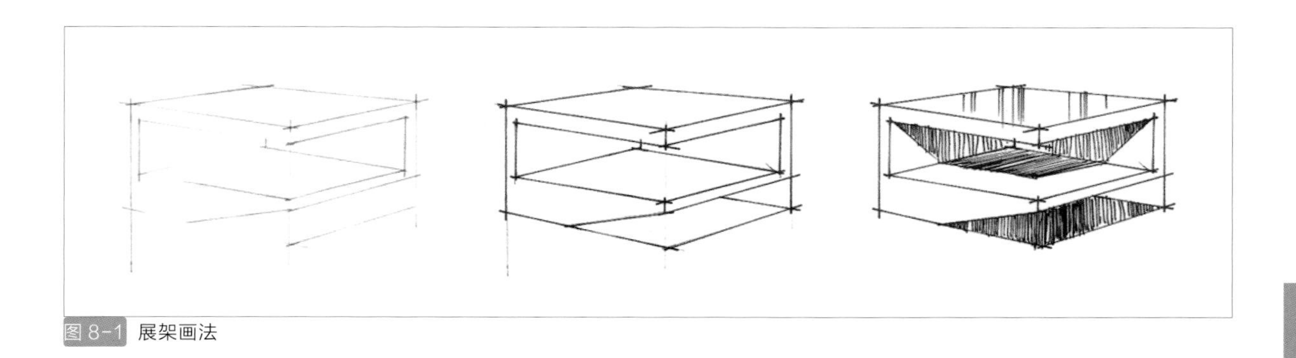

图 8-1 展架画法

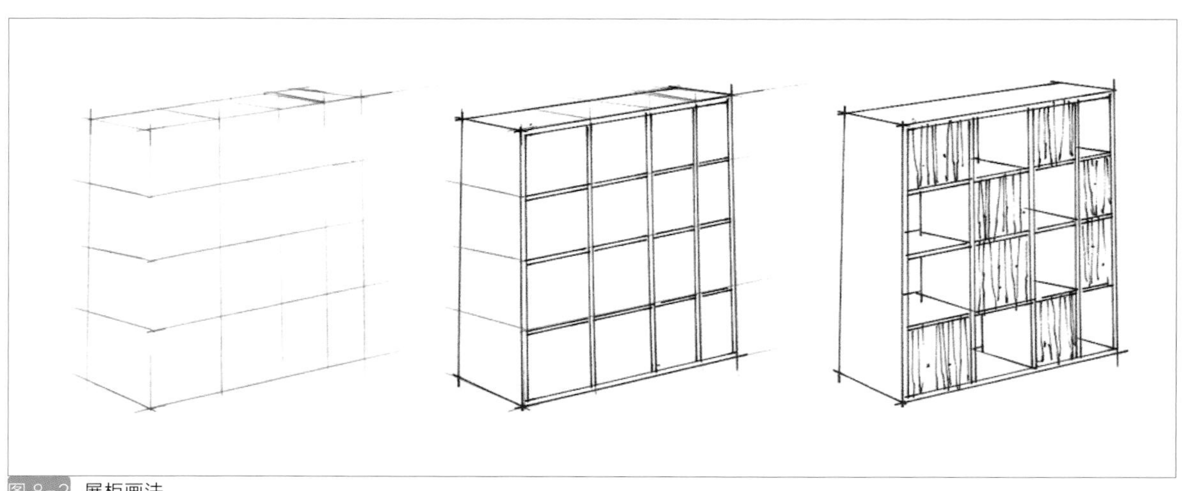

图 8-2 展柜画法

8.1.3 展台

展台是承托展品实物、模型、沙盘和其他装饰物的用具，是突出展品的重要设施之一。大型的实物展台，除了用组合式的展架构成之外，还可以用标准化的小展台组合而成，小型的展台多为简洁的几何形体，如方柱体、长方体、圆柱体等形体。一般来说，较大的展品应该用低的展台，小型的展品则应用高些的展台（如图 8-3）。

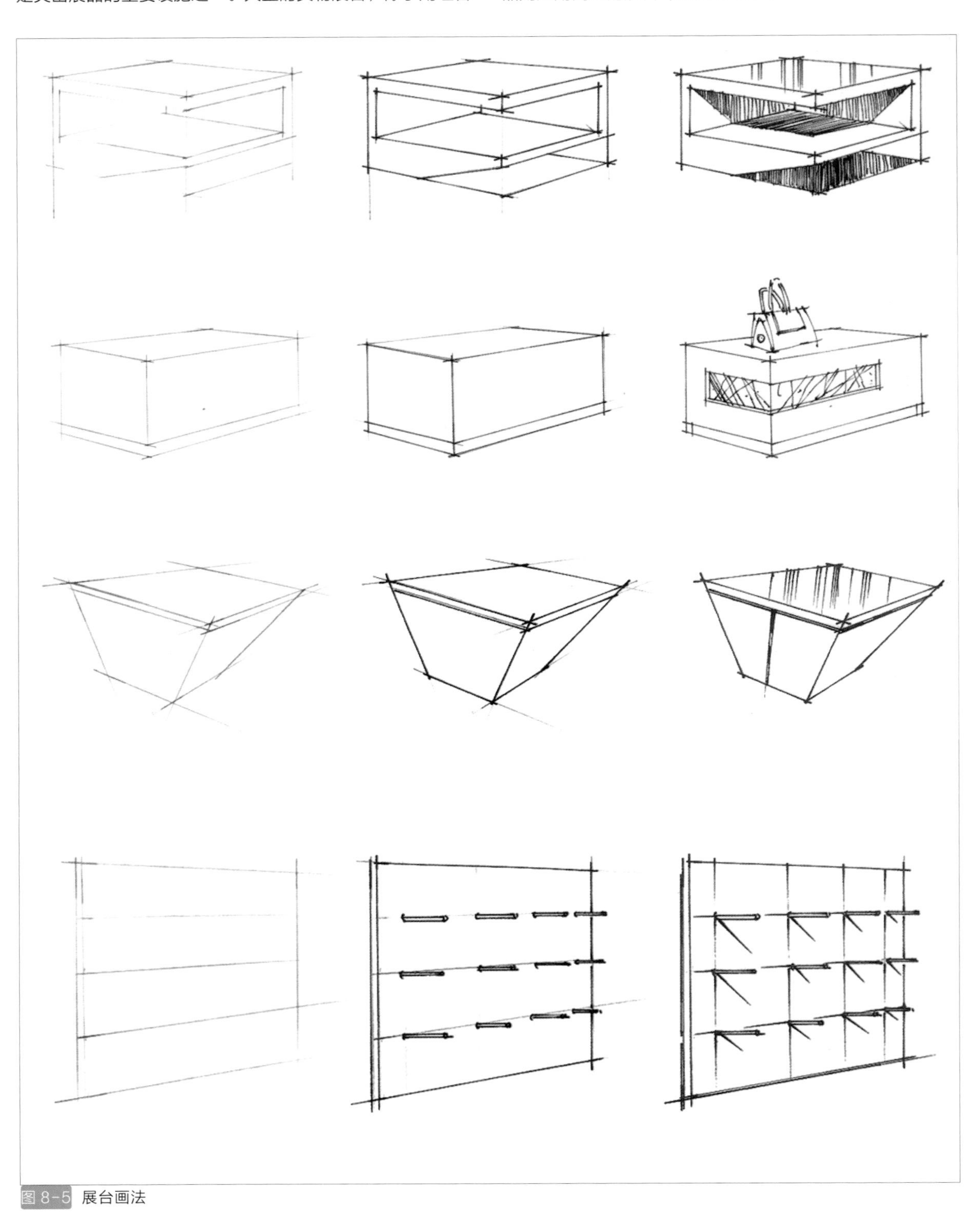

图 8-5 展台画法

8.2 展示手绘线稿步骤

在展览陈列空间中，比较常见的表达对象就是会展展位的设计与效果图表达。会展展位是一个比较特殊的空间类型，它既有功能性的内部空间分区规划，又有与主题相关的外观表达，更像是一个微缩的建筑空间。因此，在进行展览陈列空间的效果图绘制时，既要选择合适的节点绘制出内部的空间关系，又要选择合适的视角与透视关系，将其外观更好地表现出来。

8.2.1 一点斜透视

从 20 世纪 60 年代起，一些发达国家就开始研制和生产各种拆装式和伸缩式的展架系列。利用拆装式的展架体系，不仅可以方便地搭成屏风、展墙、格架、摊位、展间以及装饰性的

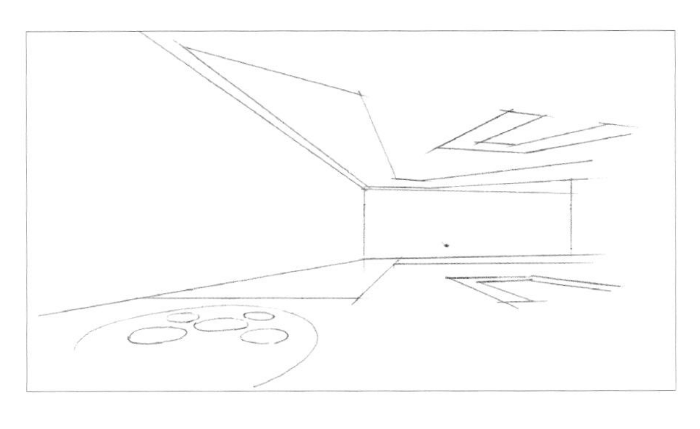

步骤一：用铅笔定位空间的灭点，然后根据灭点向真高线上下两点位置连接透视线，形成空间的进深。左边的消失点不宜定得太近，在室内效果图表现中视平线一般定在整个画面靠下的 1/3 左右位置。用单线定位天花造型和地面家具投影。

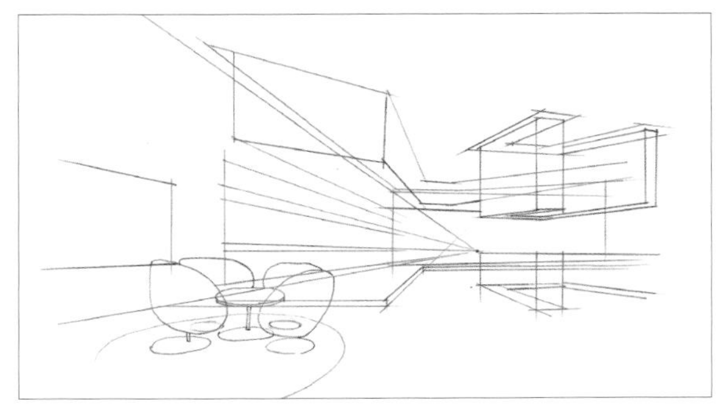

步骤二：描绘家具造型的整体形态，要注意家具的比例关系，一定要符合人体工程学，将其以几何形体的形态展现出来。

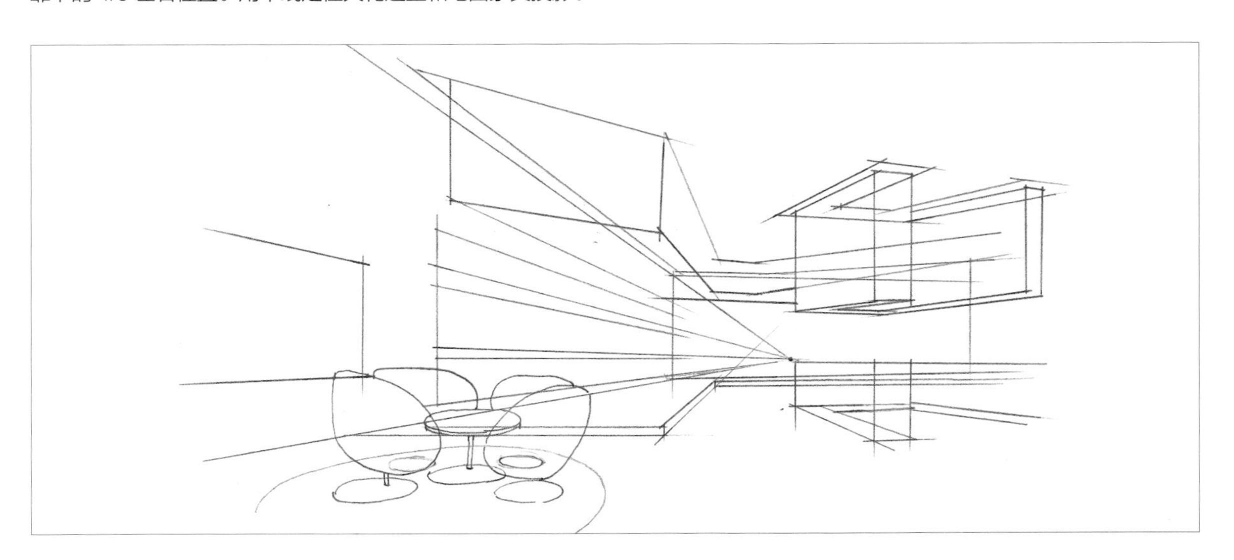

步骤三：接着对空间物体的造型进行进一步刻画，要根据物体的设计造型来刻画，注意形体的前后关系。

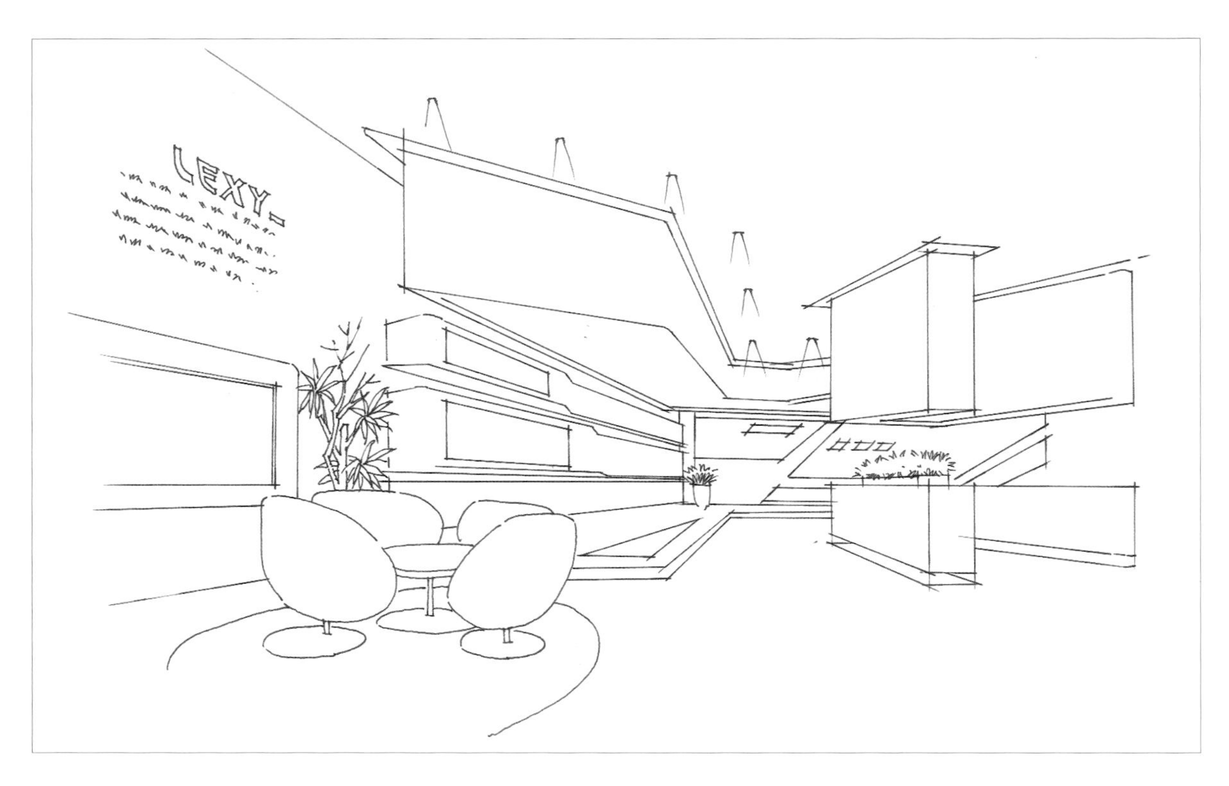

步骤四：去掉多余的辅助线，对于物体的造型进一步刻画，明确整个空间的物体位置关系。

步骤五：对于物体的造型材料和纹样进一步刻画，如洽谈区、中心展区、背景墙和天花造型等物体。在体块的基础上勾画出物体的结构与纹理，深入刻画家居陈设等物品，最后完善构图，强化结构及画面主次虚实与光影明暗关系。

8.2.2 两点透视

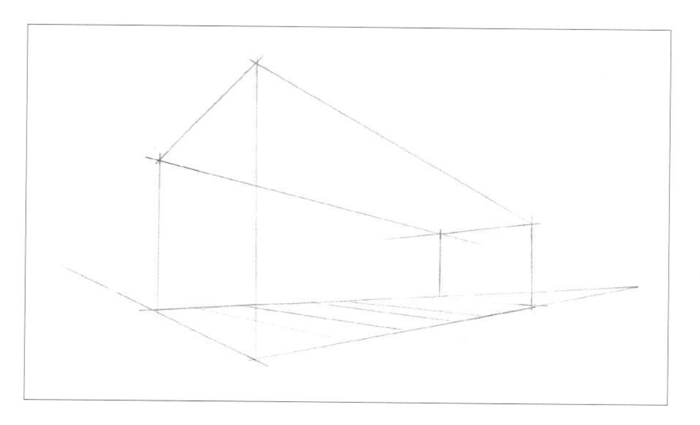

步骤一：

用铅笔定位空间的真高线、视平线和灭点，然后根据灭点向真高线上下两点位置连接透视线，形成空间的进深。应注意两点消失在视平线上。确定整个空间的基本造型。

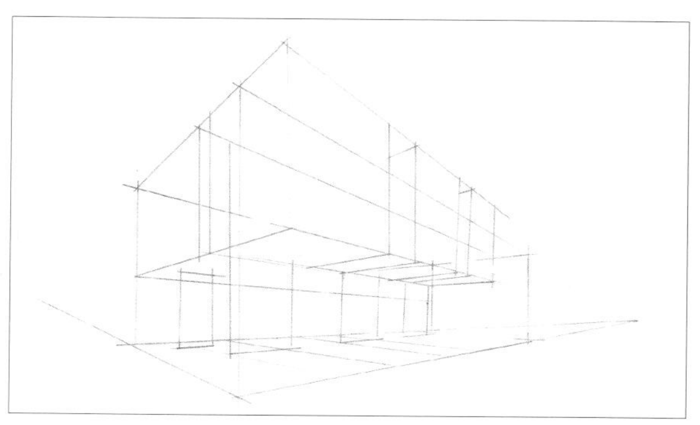

步骤二：

针对空间的基本造型进行体块的切割，要注意对透视和空间尺寸的把控。

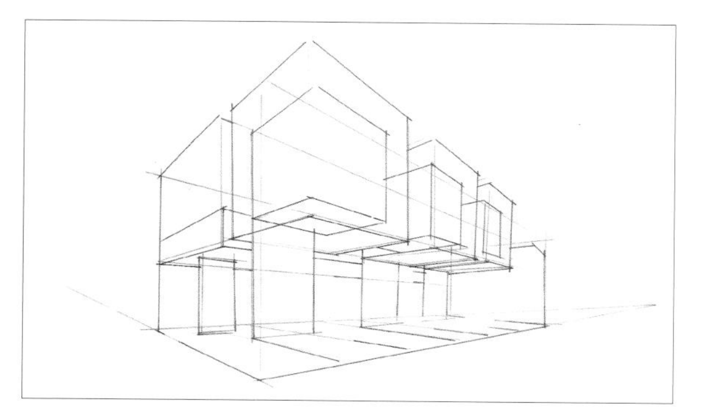

步骤三：

接着再细化空间体块的造型，把空间的体块关系明确，注意形体细节的转折和透视。

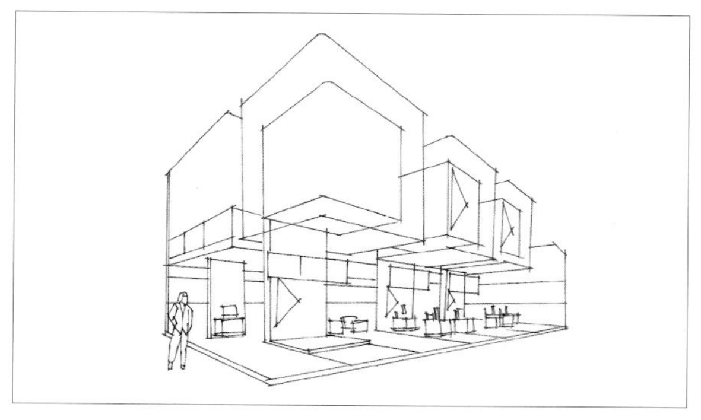

步骤四：

然后去掉多余的辅助线，对于物体的造型进一步进行刻画，明确整个空间的物体位置关系。

步骤五：

最后对于物体的造型材料和纹样进行进一步刻画，如地板的质感、中心展板的造型、天花造型质感和 LOGO 等。在体块的基础上勾画出物体的结构与纹理，深入刻画家居陈设等物品，最后完善构图。

8.2.3 三点透视

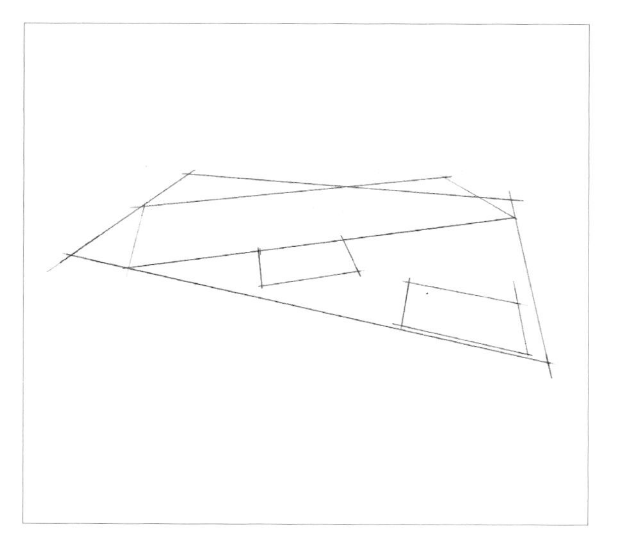

步骤一：先根据纸张的大小用铅笔勾勒出空间的平面，注意控制空间平面的位置和大小关系，避免太满。

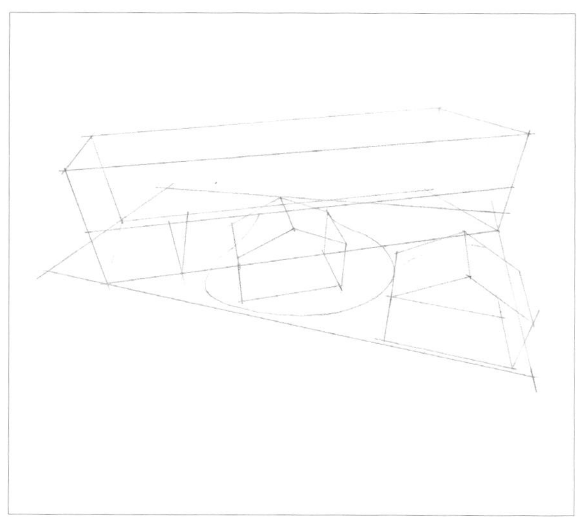

步骤二：接着把空间的基本造型勾起来，把空间的体块关系明确，注意形体细节的转折和透视。

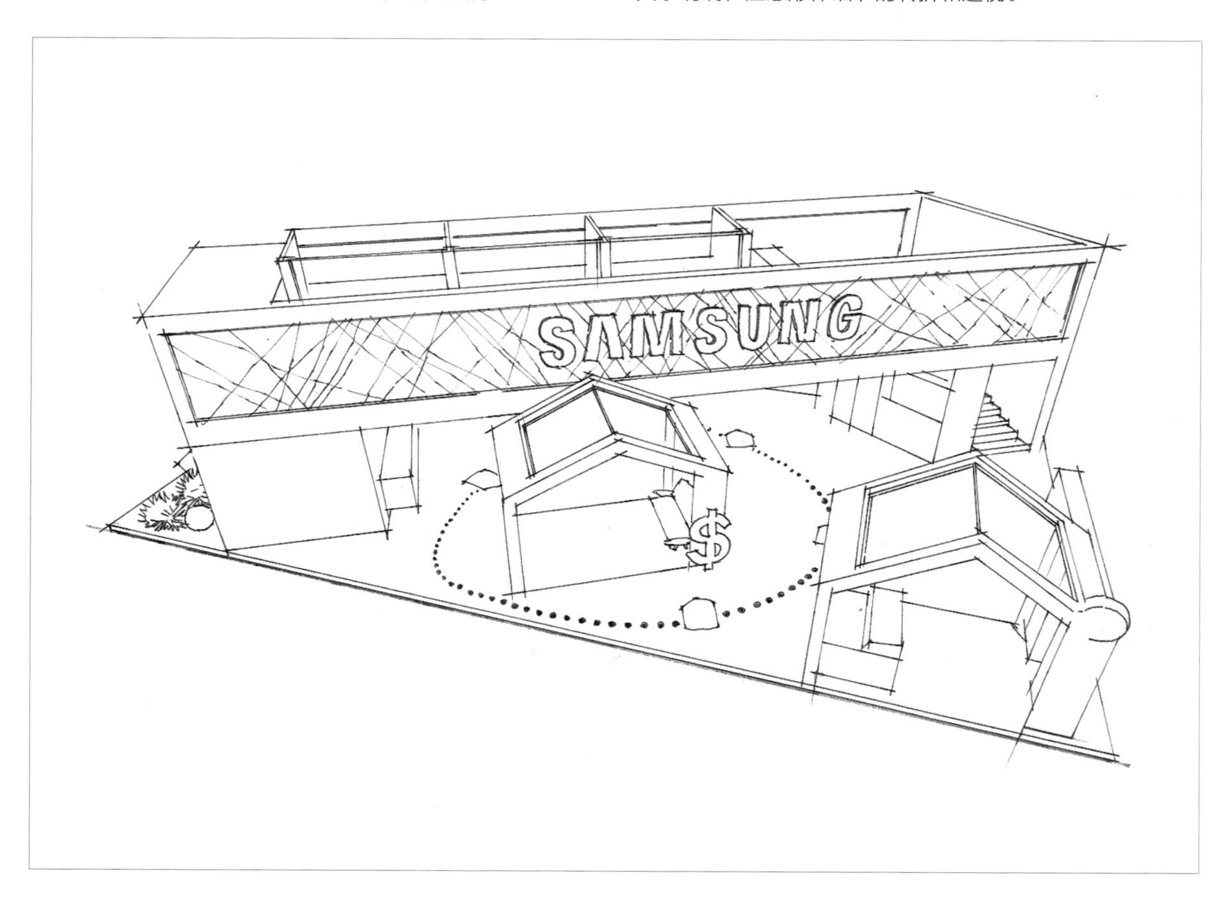

步骤三：去掉多余的辅助线，对于物体的造型进行进一步刻画。随后对物体造型和材料及纹样进一步刻画，如地板的形、每个展区的造型和 LOGO 等物体。在体块的基础上勾画出物体的结构与纹理，深入刻画家居陈设等物。

8.3 展示手绘上色步骤

展示手绘图上色的效果，非常直观地影响手绘图的表现力和感染力，进而影响整个展示设计方案和思路的表达。

步骤一：先把线描稿画好。

步骤二：先对地面、展柜进行固有色的着色，要注意用笔触的变化表现空间的层次，画面用轻重对比的笔触和局部留白来表示质感。

步骤三：接着对于人物、展板、天花板进行固有色的着色，要注意笔触的变化代表着空间的层次，画面用轻重对比的笔触和局部留白来表示质感。

步骤四：接着对主体物细节进行着色，如强调中心展区和天花造型的空间关系和材料质感关系，随后为了强调空间感加深投影的着色。

步骤五：最后是对物体材料质感和空间关系的调整，如展柜、广告牌、地板和天花都是硬质的材料，有着明确的高光，因此绘图者用涂改液和高光笔对此做了亮面高光的刻画，再次强调了空间的明暗关系。

8.4 展示设计手绘图例

SALADS
高贺友 2017.11.01.

THE OVEN WORKS
MAINSTREET
高贺友 2017.11.06.

狂人酒吧

TATUNG
TATUNG

建筑设计的手绘效果图表达

建筑设计是指在建造之前，设计者按照建设任务，把施工过程和使用过程中所存在的或可能发生的问题，事先做好通盘的设想，拟定好解决这些问题的办法、方案，用图纸和文件表达出来，还可作为备料、施工组织工作和各工种在制作、建造工作中互相配合协作的共同依据，便于整个工程得以在控制预期投资范围内，并使建成的建筑物充分满足使用者和社会所期望的各种要求。

9.1 建筑单体

建筑单体练习对提高设计手绘表达的速度起着重要的作用。在绘制过程中，可以根据设计的需要进行组合，修改。同时，在学习过程中也要学会将遇到的各种问题量化，寻找规律与解决办法，并各个击破。

9.1.1 人物

在手绘表现中人是很重要的一个元素，因为它可以体现画面中大小物体的尺度感，为整个空间增加进深效果，丰富画面，使画面看起来更加生动、自然。在快速手绘表现画面中，人物手绘表现手法大都比较概括，不适合被放置在画面构图中过近的部位。在比较正式、细致的手绘表现中，人物配景就需要采取略微写实一些的画法了（如图 9-1、图 9-2）。

在绘制建筑场景时，通常会在入口处布置一些成组的人群，以起到方位上的引导作用，并与周边零星的人物形成对比（如图 9-2）。

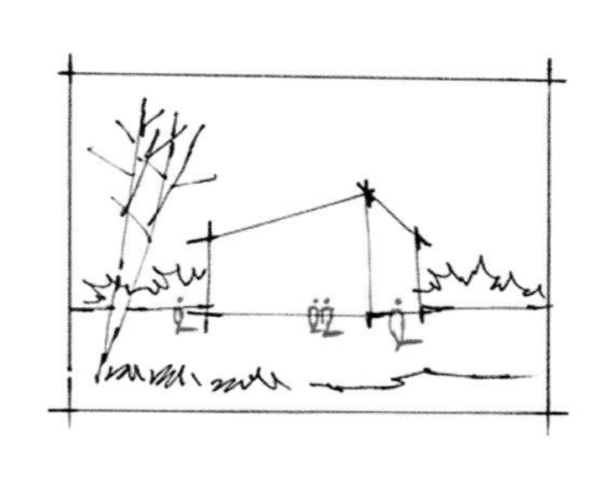
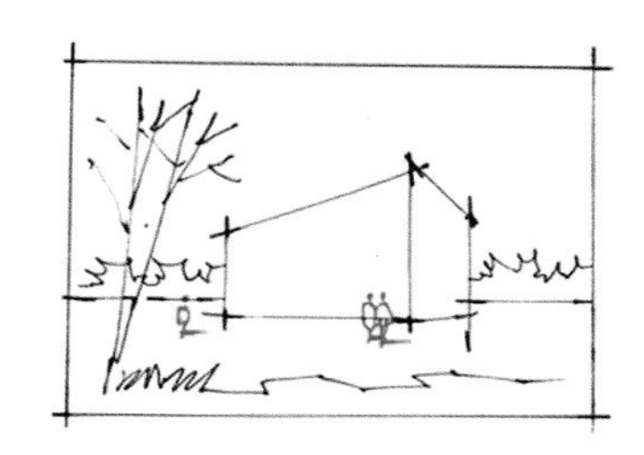

根据人物判断，左图的建筑物比右图的建筑物略小。

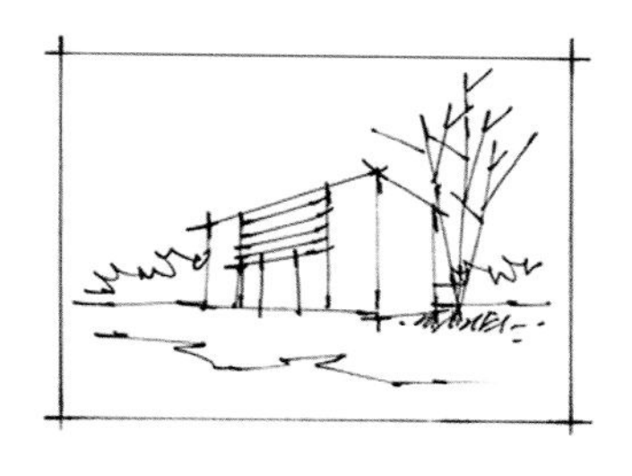

右图中的人物，使观者的视点很好地集中在建筑物上。

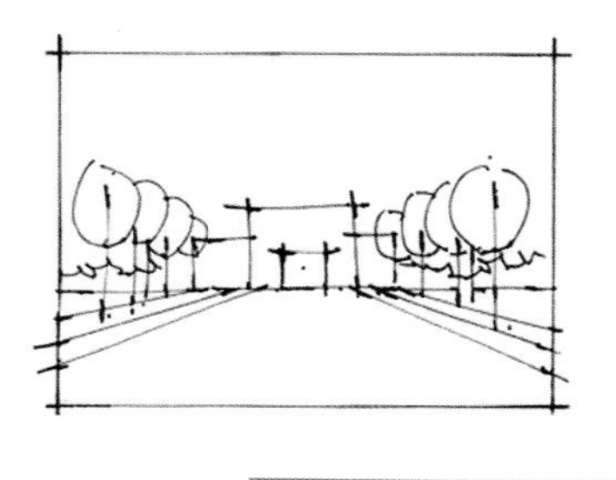
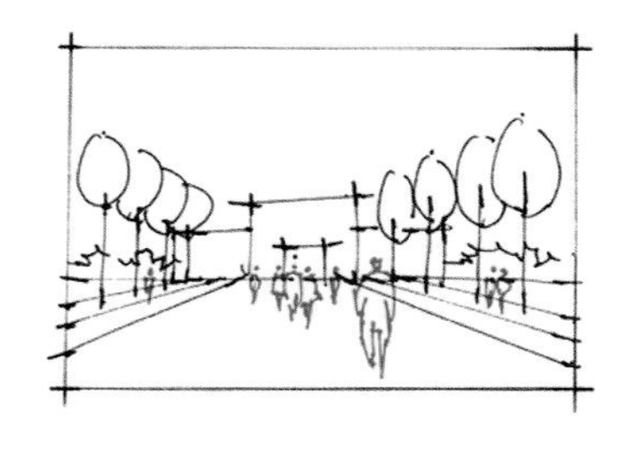

增加了人物，使建筑物和周围环境更有生气、更自然。

图 9-1 人物在建筑画中的作用

手绘人物只需要表达出形态和动态即可，不着重刻画人物面部和形体细节

场景中人物的头部必须在一个视平线上（小孩除外）

两条腿长短不一，表示人的行走状态

近景的人可以增加一些肢体语言，如交谈、挎包等动作。

图 9-2 人物画法

9.1.2 车辆

绘制现代建筑时，车辆是非常具有时代性的配景符号。相对来说，由于结构、透视相对复杂，所以车辆在场景绘制中有一定的难度。

汽车的练习最初可以参考单体变化的关系来练习。依据汽车体量关系，将其归纳成一个长方体。然后按照车顶与车身的比例，划分出车身的位置。画出车顶形态，调整车身线条弧度，绘制出车轮的透视变化。最后细化细节，加重阴影表达（如图 9-3）。

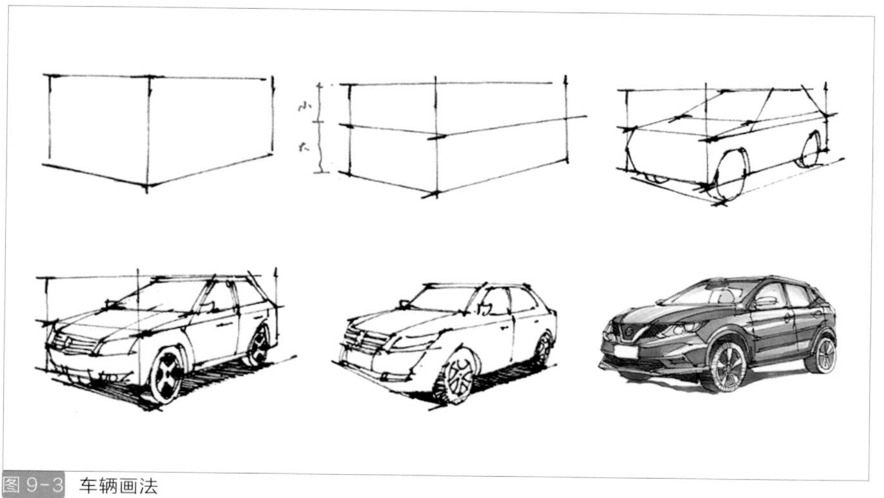

图 9-3 车辆画法

9.1.3 植物

请参见第六章景观设计手绘表达（6.1 景观单体）。

9.1.4 其他配景

为了满足各种画面气氛的需要，可以根据不同的画面主题内容及需求适当添加不同的配景，如阳伞、休闲座椅、栏杆、栅栏、廊架、地灯、垃圾桶、景观墙、儿童游乐设施等（如图 9-4~ 图 9-6）。

图 9-4 遮阳伞画法

图 9-5　垃圾桶画法

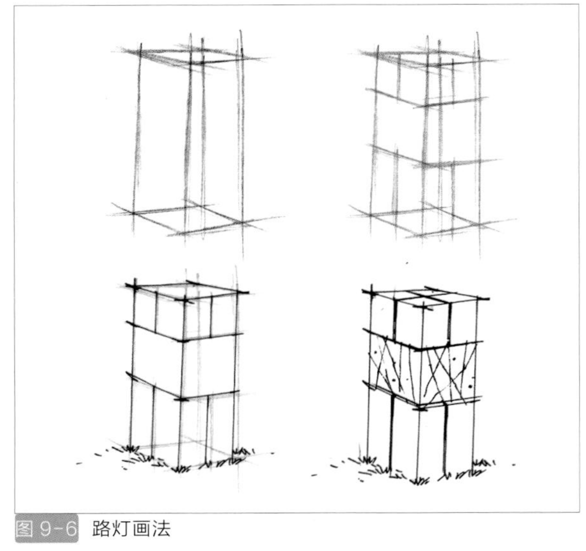
图 9-6　路灯画法

9.2 建筑手绘线稿步骤

起铅笔稿时要注意，在定位形态时线条要画得稍微轻一些，这样会给后期留有调整的余地。过重的线条不便修改，也不方便后期针管笔勾线。起好铅笔稿后，使用绘图笔勾线时要注意，不要完全按照铅笔线条去描。正确的方法应该是在铅笔稿的基础上再次推敲正确的空间形态，因为铅笔稿画得很概括，所以它未必是最准的定位。我们要学会在此基础上找出更精准的线条。深入刻画形体的细节，处理空间阴影部分。

9.2.1 一点透视线稿步骤

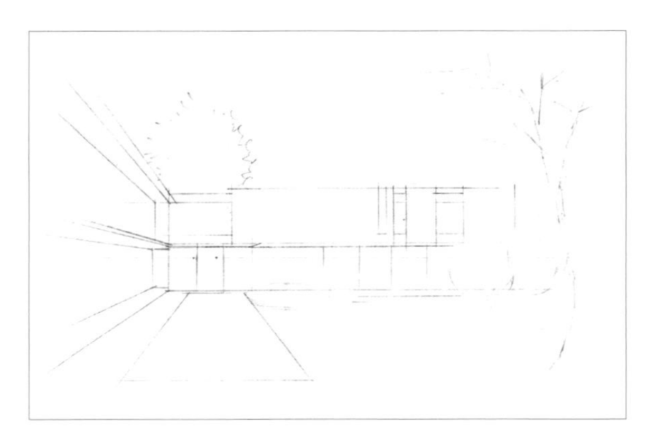

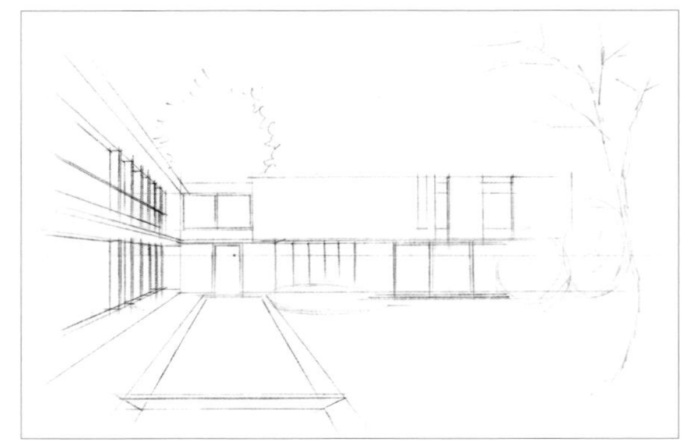

步骤一：先确定画面中的视平线（视平线一般为人的视线高度，1.7 米）和灭点，然后确定建筑造型的大小比例及方向，简单地把建筑的基本造型用铅笔描绘出来。为了体现建筑的气势，绘制时要注意灭点位于建筑物中心偏下的位置，表现出建筑的高大。

步骤二：接着刻画建筑局部，用单线概括即可，不需要细致刻画。在此步骤中把建筑的基本结构框架描绘出来。

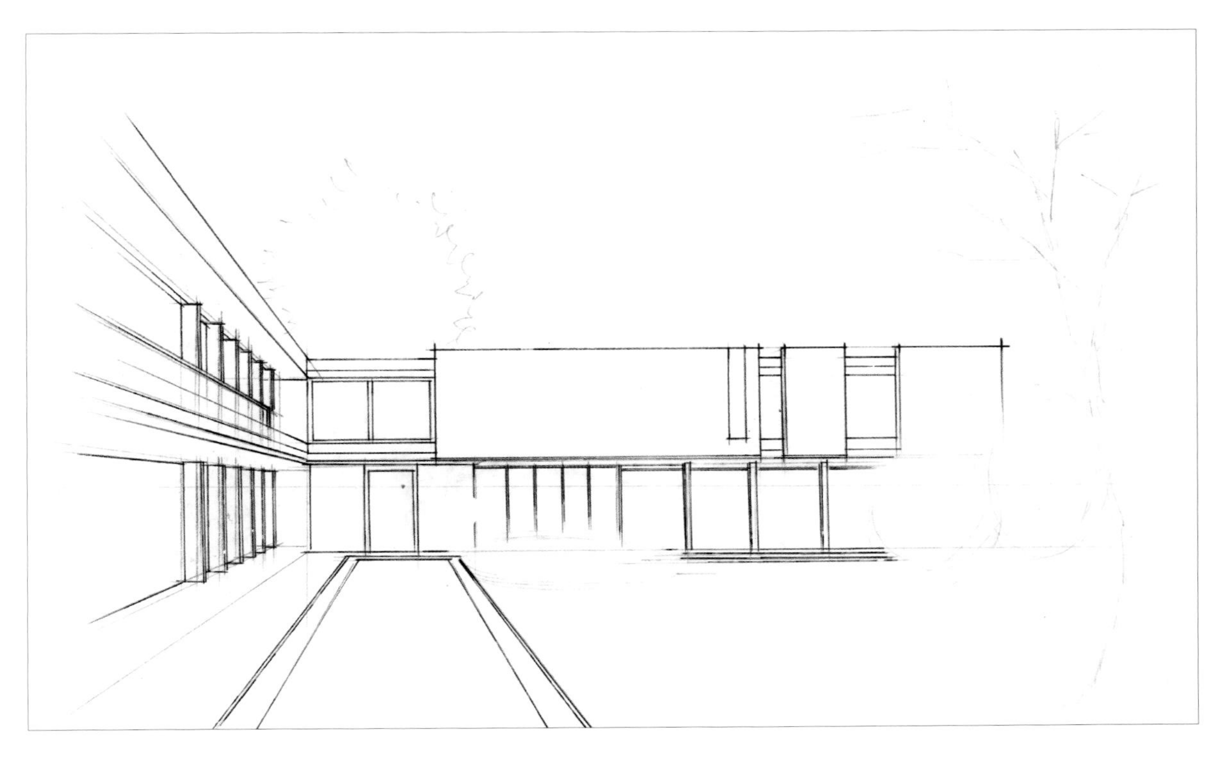

步骤三：用较深的笔对建筑的轮廓造型进行进一步描绘，明确整个建筑空间的物体位置关系。

步骤四：细化形体结构和周边环境关系。对周边植物进行细化，远景树的处理更概括，运用凹凸不齐的线条横向运线，和中景形成明显的对比，又和近景相呼应。中景植物为了与建筑有一定的联系，种植的植物是有造型的小灌木，重在体现明暗层次关系，强调造型细节。近景树、草地部分整体刻画，并表现出近景树的投影，突出前后空间。

9.2.2 一点斜透视线稿步骤

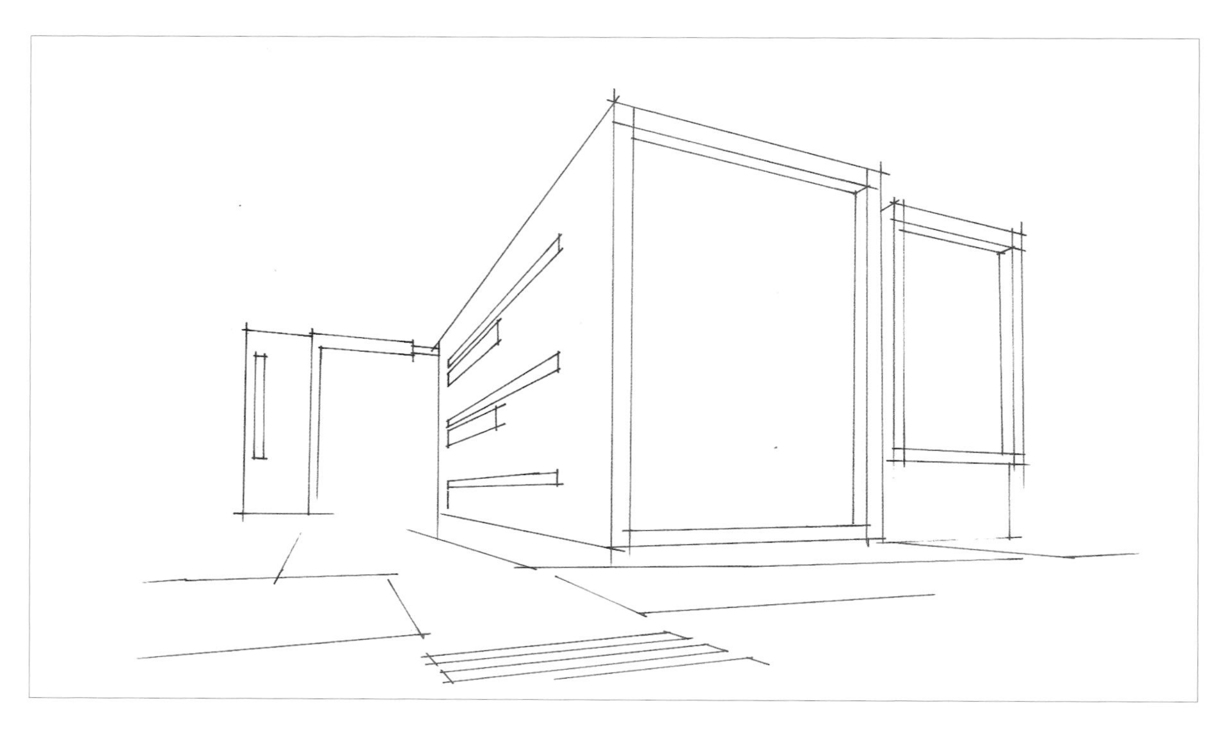

步骤一：找准画面的透视关系。下笔前要观察画面，通过合理的透视，先定出主体的基本框架，注意比例关系。用线要流畅简洁，在勾勒配景时抓大形，表达要内敛，衬托主体。

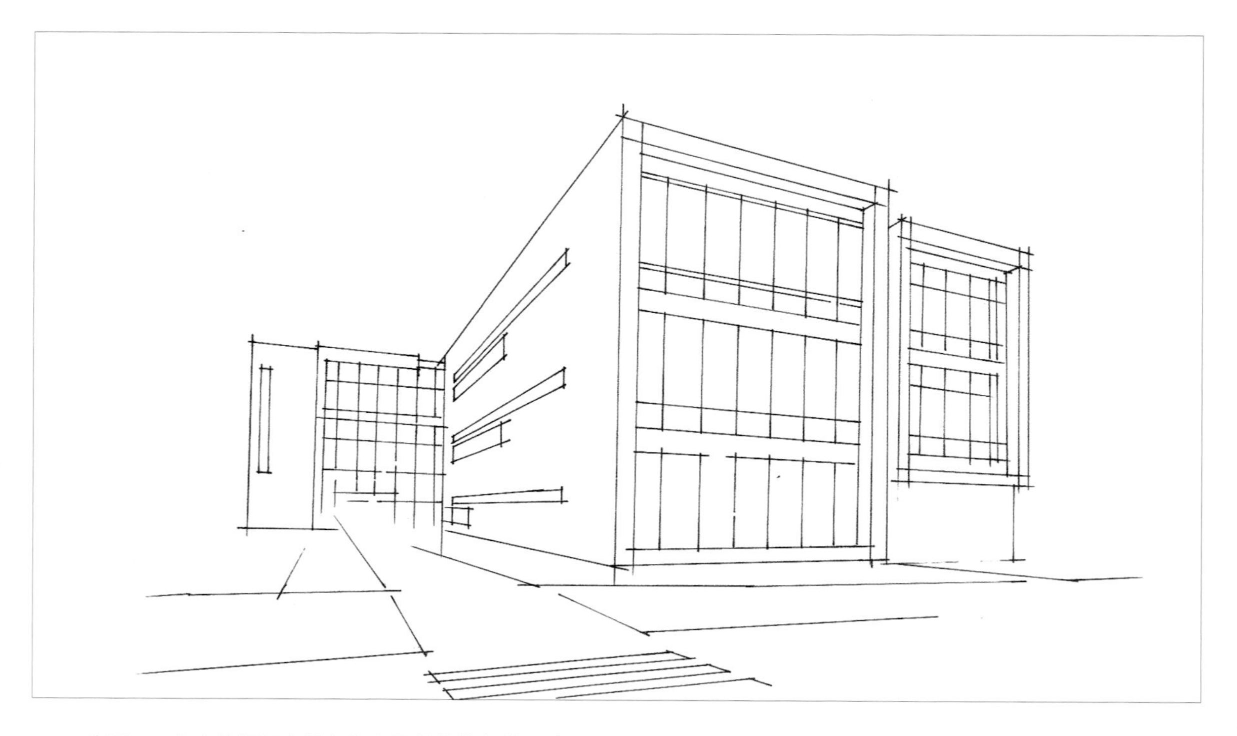

步骤二：在主体框架内进行各立面结构的勾勒；注意要在拟定的原始透视框架内刻画形体立面，此刻要注意立面的大小变化和周边环境，对前景道路关系的轮廓可以进行简单描绘，注意比例。

步骤三：细化形体结构和周边环境关系。对建筑立面形体结构进行描绘后，接着就是把周边植物进行细化，特别是对左边中景植物的造型刻画一定要细致，以营造空间氛围感。

步骤四：强化光影刻画和细节完善。最后一步就是把光感强调出来，统一明暗排线方向，注意表达草坪因光感导致的深浅变化，把主体建筑的结构、光影、细节梳理清楚，最后再整体观察微调画面（疏密、黑白、虚实）。

9.2.3 两点透视线稿步骤

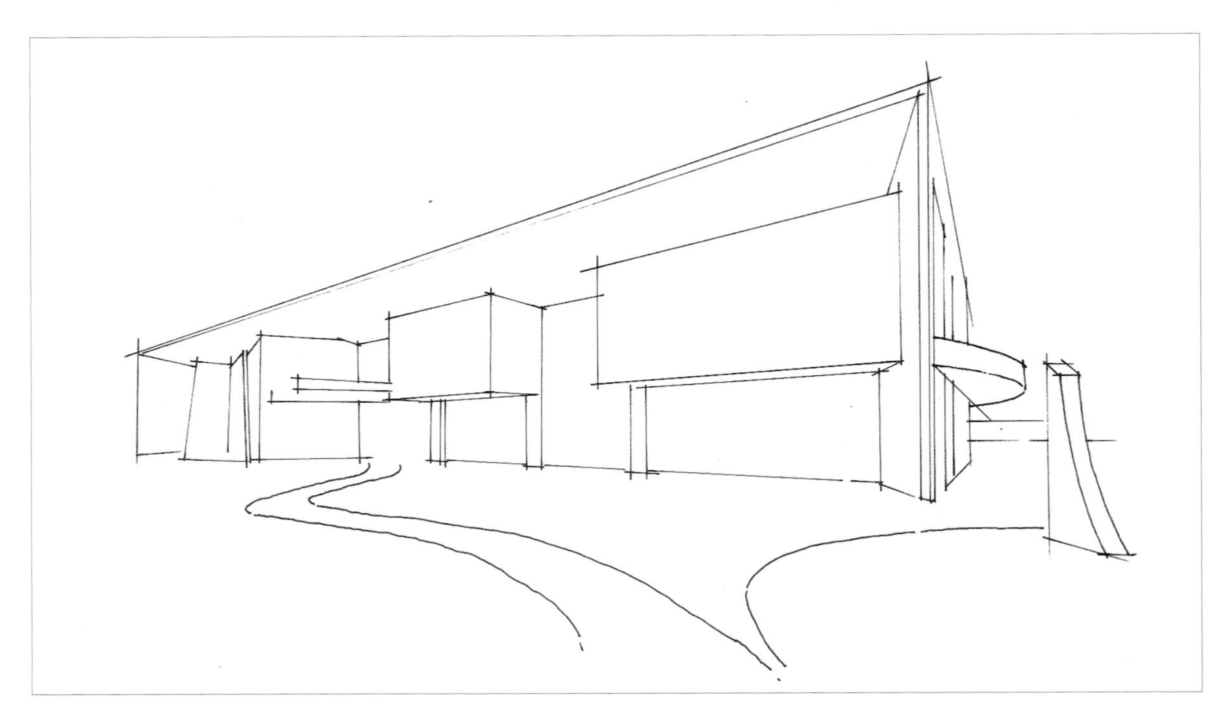

步骤一：找准画面的透视关系。下笔前要观察画面与建筑的大小比例，通过合理的透视，先定出主体物的基本框架，注意比例关系，用线要流畅简洁，在勾勒建筑时抓大形，地面的道路要注意前后的比例关系。

步骤二：在主体框架内进行各立面结构的勾勒；注意要在拟定的原始透视框架内刻画形体立面，此刻应要注意立面的窗户大小和门的变化，重点是要把每个物体的结构关系表达到位。

步骤三：细化形体结构和周边环境关系。对主体框架结构进行了描绘后，接着就是把周边植物进行细化，特别是对左边中景植物的造型刻画一定要细致，以凸显空间前后的距离感。要注意前后草皮大小的变化，避免过于平整。

步骤四：强化光影刻画和细节完善。最后一步便是把光感强调出来，统一明暗排线方向，注意表达草坪因光感导致的深浅变化，把主体建筑的结构、光影、细节梳理清楚，最后整体微调画面（疏密、黑白、虚实）。

9.3 建筑手绘上色步骤

要进行初期的建筑场景上色练习可以通过以灰色为主的单色系马克笔来进行。这样的练习不需要考虑太多配色关系，只要能把握好明暗就可以了。通过这种练习能够更好地把握建筑的体量及环境光源的关系。

9.3.1 晴天场景

步骤一：在绘制好的线稿基础上用浅绿色和黄绿色画出建筑外围植物的固有色及地面固有色的基本调位置，建筑后面的植物部分先施以蓝色和 暖灰去表达。

步骤二：把建筑物的不同材料进行区分，有木材、玻璃和钢材等。玻璃的固有色用笔要渐变，并表现出透明感。木材的用笔都是在暗部，要注意有明暗与反光的变化。表现水体时要把倒影的细节刻画出来。

步骤三：调整画面的整体关系。建筑的木材部分用暖灰色进行叠加，区分出体块和阴影关系。画面中心的玻璃用深蓝色压重颜色，而且要表现出明暗关系。进行植物和光影细节的着色，注意乔木与灌木之间色彩的衔接过渡，过程也是从浅色到深色，从主色到附属色的过程，着色过程中要注意马克笔笔触的粗细、轻重急缓，这关系到色彩的微妙变化，同时要注意到灰色与亮色之间的比例关系、位置关系。然后确定每个物体的投影关系。

步骤四：最后是对于物体材料质感的调整和天空着色，并对画面整体进行调整。建筑钢材、水体和玻璃都有明确的高光，因此绘图者用涂改液和高光笔对于钢材、水体和玻璃做了亮面高光的刻画。刻画天空时，要画出天空的纵深感，云层要有大小与长短的变化。

9.3.2 傍晚场景

步骤一：傍晚，灯光亮起的时候，在表现夜景时，有灯光的地方就会有暖色调呈现，所以只要是画面中受光的物体，除了有本身固有色，在亮部总会有浅黄色的灯光效果。

步骤二：傍晚时，没有受灯光影响的物体，也就没有光影效果。如建筑后面的植物，用的色彩都是偏深的绿色；但是前面的树由于受到建筑灯光的影响，画面中增加了浅黄色的亮面效果。通过前后植物色温的对比，更好地表现出空间层次感。

步骤三：接着进行建筑和水体光影细节的着色，注意建筑体块与体块之间色彩的衔接过渡，过程也是从浅色到深色，从主色到附属色的过程，着色过程中要注意马克笔笔触的粗细、轻重急缓，这关系到色彩的微妙变化，同时要注意到灰色与亮色之间的比例关系、位置关系。因为是傍晚，所以明暗关系更加明显，亮面与暗面反差一定要大，随后确定每个物体的投影关系。

步骤四：最后是对于物体材料质感的调整和天空进行着色，傍晚天空的色彩要偏深蓝色，天空下面有灯光的漫射与折射，所以色调偏暖。对于有些材料的亮面有比较强的高光，如建筑钢材、水体和玻璃等，可以用涂改液和高光笔进行高光的刻画。

9.4 建筑设计手绘图例

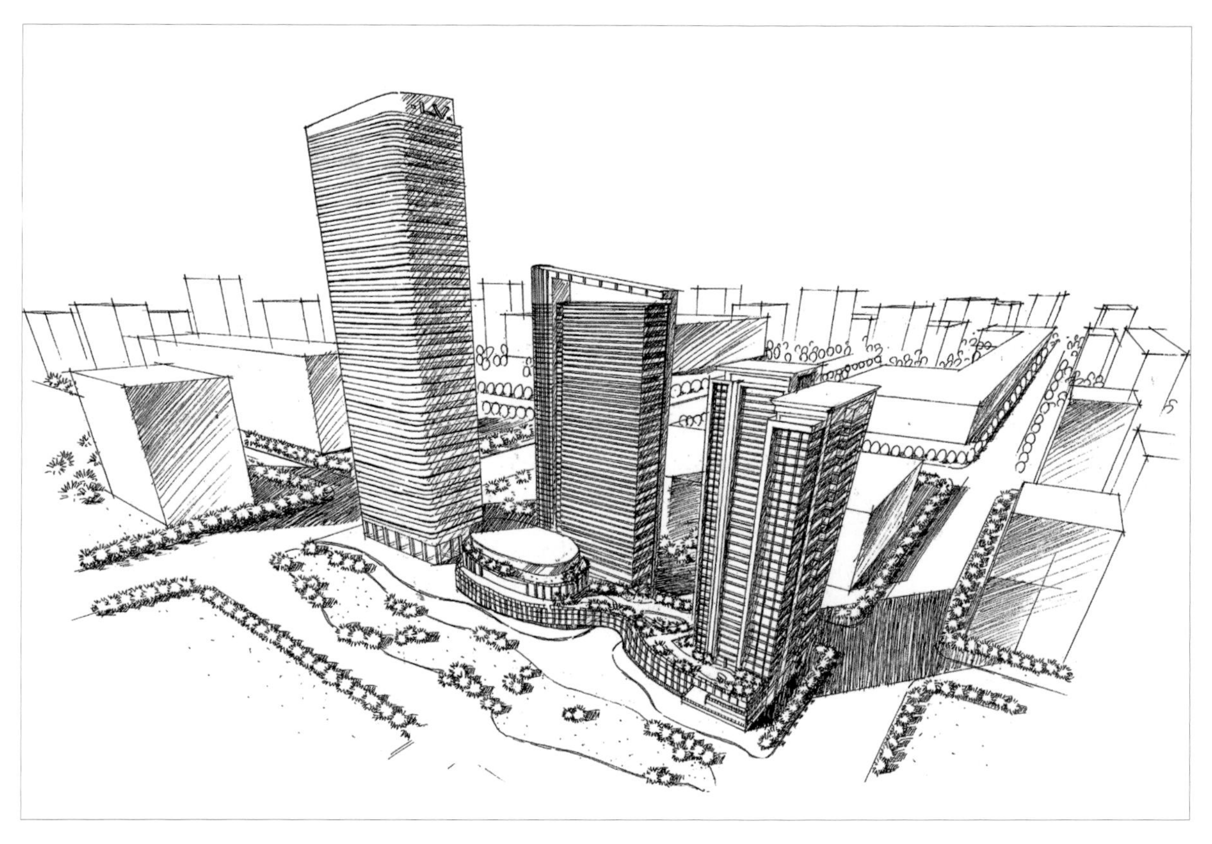

10 手绘术语

建筑设计是指建筑物在建造之前，设计者按照建设任务，把施工过程和使用过程中所存在的或可能发生的问题，事先做好通盘的设想，拟定好解决这些问题的办法、方案，用图纸和文件表达出来。作为备料、施工组织工作和各工种在制作、建造工作中互相配合协作的共同依据。便于整个工程得以在预定的投资限额范围内，按照周密考虑的预定方案，统一步调，顺利进行 。并使建成的建筑物充分满足使用者和社会所期望的各种要求。

10.1.1 表现图

或称表现画。侧重于表达造型设计构思的绘画。画面表达内容的取舍和色彩的设置具有很强的主观性。制作技法要求快速、简便。作品主要用于创作过程的记录、工作成员之间的交流和提供早期方案的展示。草图风格的画面是典型的表现图。

10.1.2 效果图

效果图侧重于表达造型的真实效果。画面的表达内容和色彩设置应当尽量反映预期的真实效果。制作技法要求精确、细腻。作品主要运用于最终方案的展示。电脑渲染软件制作的逼真画面是典型的效果图。表现图和效果图的称谓经常混淆使用，但两种绘画在实际用途上的区别是明确的。

10.1.3 白描

白描也称线描，是仅用线条勾画形体轮廓的绘画方式。建筑表现中主要使用墨线工具绘制。

10.1.4 墨线绘画

墨线绘画也称钢笔画，是仅用墨线工具，不用色彩的绘画方式，其范围包括白描。墨线绘画包括单线勾画轮廓，排线、排点形成素描调子和纹理质感，填墨形成纯黑色块等不同的笔触技法。

10.1.5 线描淡彩

或称钢笔淡彩，墨线淡彩。墨线用于形体和细节刻画，以水彩、彩铅或马克笔铺陈颜色。 通常画面的暗部由浓重的墨线轮廓或阴影排线来实现，上色基本不承担暗部表达，因此称为淡彩。墨线淡彩特别适用于存在大量细节、纹理需要由墨线勾画的题材，此时上色操作比较简便。

10.1.6 干画法

干画法是不使用水彩、水粉等必须加水绘制的工具，而主要采用墨线、彩铅、马克笔等工具的绘画。使用干画法是当前设计界的主流。

10.1.7 快速综合

指以综合使用各种干法工具为特点，以追求操作快速为目标的表现绘画技法。综合技法的关键在于各种工具的运用与表现对象之间的相互匹配。针对不同的题材选用不同的工具，实现各种工具之间的优势互补，最终得到最为理想的画面效果。

10.2.1 渲染

渲染泛指表现画中各种工具的上色技法，特指运用水彩、水墨的上色技法。水彩、水墨渲染的特点是以毛笔带动颜色溶液浸润纸张，完全隐藏笔触，色块观感绝对细腻、平滑。

10.2.2 平涂

平涂指用各种工具均匀上色的技法。要求画出的色块完全均匀，笔触尽量保持统一。

10.2.3 渐变

也称褪晕，是逐渐变化的上色技法。要求画出的色块沿一个方向进行连续的变化。渐变是指一个颜色在明度或彩度上的深浅、浓淡变化，也指由一种颜色向另一种颜色的逐渐转变。

在表现绘画中，相同颜色的渐变通常由用笔的轻重力度来表现；而不同颜色之间的渐变通常采用前后绘制几个颜色，使其笔触相互叠加的方式来实现。

10.2.4 叠加

指在同一个区域内进行两次及两次以上的绘画操作，笔触相互重叠的技法。

使用彩铅和马克笔等工具时都可使用叠加的方法，可以在同一种工具之内，也可以在不同工具之间进行叠加。

通过叠加的手法可以在操作进程中不断加深、加浓某一色块，也可以形成不同颜色之间的渐变。笔触排列是叠加操作的技法重点。

10.2.5 笔触

笔触是手绘工具操作时留下的印迹，影响着画面的美感。风格统一的笔触可以使画面更具装饰美感，适当的笔触运用能够表达表现对象的材质纹理。

10.2.6 排线

同一方向的一组平行线段称为排线，是最基本的笔触。

笔触排线的基本方向针对不同的绘画工具和对象题材有不同的要求。在进行叠加操作时，两次及两次以上操作的排线方向应当错开 20° 左右，以使每次所涂的颜色都能充分接触到纸面。

10.3.1 明度

明度又称亮度，灰度。是色彩构成中描述色彩黑、白、灰程度的一个单独的维度。

色彩的明度构成了素描关系，通过提高或降低色彩的明度可以改变色彩之间的素描关系。对明度的操作就是对素描关系的调整。

10.3.2 纯度

纯度是色彩构成中描述色彩纯净程度的一个单独的维度。

光谱中的颜色最饱和，是彩度的极限，现实中的颜色或多或少掺进了黑、白、灰，从而降低了彩度。黑、白、灰则完全失去了彩度，所以称作无彩色。色彩的彩度越高，色彩之间的对比就越强，反之则对比减弱，趋于调和。通过提高或降低色彩的彩度可以改变色彩之间的对比关系。绘画中对彩度的操作就是对色彩对比关系的调整。

10.3.3 色相

色相也称色调，即色彩的称谓。是色彩构成中描述色彩名称的一个单独的维度。

光谱中的红、橙、黄、绿、蓝、紫是基本的颜色名称。将光谱末端的紫与另一端的红相连成环，称作色相环。环上相邻的两个颜色之间可以插入多个中间色，组成如橙—黄、蓝—紫之类的复合名称。

10.3.4 冷暖色

指色彩在色相方面偏红或偏蓝所造成的观感。偏红是暖色，偏蓝则是冷色。

色彩的冷暖不是绝对的，它只存在于两个颜色的相对关系中。比较两个颜色在色相环上的位置，与红相近者为暖，与蓝相近者为冷。两个颜色的色相在色相环上偏红、偏蓝的差距越大，冷暖对比越强。

10.3.5 互补色

在两个色相色相环上处于（或接近）180° 夹角的对立位置时称作互补。互补色之间对比度最大，随着两者夹角的减小，对比逐渐转变为调和。

虽然色相上有着最大的对比度，但两个颜色最终的对比关系会受到明度、彩度方面对比关系的影响。

10.3.6 协调色

指色彩的协调关系、调和关系。两个色彩的色相在色相环上处于 90° 以内夹角时称作协调色。协调色之间的色相对比较弱，其对比主要依赖于明度和彩度。

10.3.7 主色调

指在画面整体上呈现出的明确色彩倾向，可使画面产生统一的观感和特定的意境、氛围。

形成主色调的首要条件是有某一个颜色占据着显著的面积比例优势。同时其他颜色的彩度也不宜过高。

10.3.8 主观色调

根据设计所需的意境、氛围来确定画面的主色调，色彩在画面整体上呈现出高度的统一性。

追求统一的主观色调时，背景、环境的设色完全遵从于主色调，建筑材质的固有色彩也要加以调整。甚至整个画面可以呈现单一的色调。

10.4.1 素描调子

又称画面的素描关系，光影、明暗关系，明度调子等。泛指画面中各部分色彩之间不同深浅的黑、白、灰对比。

画面的素描调子是识别和彰显表现对象的基本保障。画面素描调子具体可分为整个画面的图底关系和形体对象的光影、明暗关系。前者可凸显画面主体，后者可强化形体的立体感。

10.4.2 图底关系

图即图案，在此指表现对象；底即底纹，在此指背景环境。图底关系就是画面中表现对象与背景环境之间的主次地位关系和相互衬托关系。

主体应当具有较强的黑、白对比，周围环境则统一呈现灰调子的弱对比。主体的色彩应当相对鲜艳，背景相对灰暗。图与底的色彩之间宜呈现适度的冷暖对比。

10.4.3 光影关系

指在表现对象的形体上，受光面、背光面、阴影区之间所呈现出来的素描关系。

运用光影、明暗对比能够强化三维立体对象的造型特征，有利于在画面中凸显它们，并给观者留下深刻印象。

10.4.4 主次关系

主次关系指主体和背景环境二者在画面中所处地位的相对关系。对象和环境必须要有主次之分，以彰显表现主题。

主次地位体现在构图位置上：主体位置接近中心；背景，包括次要部分建筑和景观设施，不宜居中。主次地位体现在素描关系上：对象具有黑、白强对比，高光留白、阴影浓重；背景环境呈现弱对比，尤其要避免浓重阴影。主次地位体现在色彩关系上：主体色彩纯度应高于背景环境；对象各材质之间、光影之间宜呈现色彩的冷暖对比，而环境及次要部分建筑的色调应趋于统一。

10.4.5 虚实关系

虚实关系就是指清晰和模糊的相对关系。对画面中各部分的描绘给予不同的表达清晰程度，进行强化和弱化的处理，以形成画面的视觉焦点。

具体的虚实处理包括刻画细节的精致程度，素描层次的丰富程度，色彩对比的鲜明程度。通常表现对象时背景应虚化，近处形体实而远处形体虚，大型建筑物或室内厅堂中的局部重点造型实，而整体造型虚。

整体黑白反差微弱，色块深浅接近，不能有效表达主体，造型可识别程度低。

10.4.6 配景

指处于从属地位的景观。

建筑表现中的天地、绿植化和人物、街景都是配景。室内表现中凡是选配而非设计的内容，如盆栽、字画，陈设、道具等，以及人物和远景中成片的家具等都是配景。配景相对于主体造型的从属地位，是通过减弱黑白反差，降低色彩纯度和色彩对比来实现的。也就是配景处于图底关系中低的地位；主次关系中次的地位；虚实关系中虚的地位。

11 常用手绘工具品牌

11.1 针管笔

11.1 .1 樱花（SAKURA）

11.1.2 三菱（UNIPIN）

11.2 马克笔

11.2.1 Touch 韩国马克笔

11.2.2 Copic，日本马克笔

11.2.3 凡迪（FAND）

11.3 彩铅

11.3.1 辉伯嘉（Faber-Castell）

11.3.2 马可（Marco）

11.3.3 卡达（Carand'Ache）

11.3.4 利百代（LIBERTY）

11.3.5 得韵（Derwent）

11.4 色粉笔

11.4.1 盟友（MUNGYO）

11.4.2 辉柏嘉（Faber-Castell）

11.5 水彩

11.5.1 温莎牛顿（Winsor&Newtor

11.5.2 史明克（Schmincke）

11.5.3 拜因（Holbein)

11.1 针管笔

11.1.1 樱花（SAKURA）

有 7 种粗细选择，最小的 0.05，最大的 1.0，耐水性墨水，出水特别流畅，不晕纸，比起一般的中性笔，更有摩擦感，色彩更饱满。

11.1.2 三菱（UNIPIN）

分不同的粗细，有 0.05mm、0.1mm、0.2mm、0.3mm、0.5mm、0.8mm 六个笔号，可以很细腻地表达画面的笔触和明暗。

11.2 马克笔

11.2.1 Touch 韩国马克笔

性价比较高，大小两头，水量饱满，在颜色未干时叠加使用，颜色会自然融合衔接，有水彩的效果。上颜色时笔触比较明显，颜色偏艳丽一些，适合湿画法后的叠加用笔及小面积的塑造用笔。

11.2.2 COPIC，日本马克笔

笔头很耐用，可以用专业墨水填充，而且可以替换，笔尖柔软，可以表现出毛笔一样的笔触，速干，耐久性良好。

11.2.3 凡迪（FAND）

在颜色及笔触方面比较出色，手感好，颜色柔和、淡雅，价格便宜，适合初学者拿来练手。

11.3 彩铅

11.3.1 辉伯嘉（Faber-Castell）

辉伯嘉是全球最大的木制铅笔制造商，自 1761 年以来，生产了数以亿计的铅笔。红盒辉柏嘉水溶彩铅适合初学者，颜色相对丰富；3mm 笔芯，笔芯偏硬，可在大部分布料上画图，且易擦除。笔杆呈彩色三角菱形，有浮点，手感较好。

11.3.2 马可（Marco）

马可是中国自主的彩铅品牌，国内外销量均不错。雷诺阿系列是出口的产品线，以印象派大师雷诺阿命名，是面向专业美术人员、高级绘画爱好者及设计人员的高端美术产品系列。

马克的铅笔色彩艳丽，不易褪色，易于混合，而且它的笔杆不使用热带雨林木材，非常环保。

马克水溶铅笔的配色耐看，质地细腻，容易上色。笔杆外的设计也比较用心，多层次的色彩覆盖。

11.3.3 卡达（Carand'Ache）

瑞士卡达彩铅的铅芯直径是 3.8mm，据说永久耐光。而铅笔的每一种颜色都采用粒度最细、纯度及密度最高和最耐光的颜料制造，其极佳的柔软度可做出最完美的混色及渐变效果。品牌旗下 Carand'Ache Luminance 6901 系列彩铅颜色规格比较打破常规，分别是 20 色、40 色、76 色。也是世界上唯一在同类产品中推出 76 色的品牌，具有最高耐光度 Astm D6901（LIghtfastness I = Excellent）。品质保证为目前市场产品中最高。Luminance 6901 系列的遮盖能力和混色能力最强，可用于画面中的混色部分，并可提供高质量磨光效果。叠色也非常容易，效果不因叠色的层数而改变。笔触十分顺滑，毫无生涩之感。

11.3.4 利百代（LIBERTY）

利百代为无毒环保产品，彩铅所使用的颜料品质较高，铅芯基本能为专业绘画服务，色彩清丽。笔身坚挺不易折断，笔迹柔和清晰。

11.3.5 得韵（Derwent）

得韵适合用于精准和清晰的绘画，笔芯直径 3mm~4mm，适于细节的刻画。适合用于植物的研究，建筑绘图，平面设计。得韵铅笔即使削到最尖，也不会在使用中断裂。

六角形笔身不仅好握，而且也不会在桌面上和画板上滚动。品牌旗下 STUDIO 系列的颜色和 ARTISTS 系列艺术家铅笔的颜色相同，所以在绘制同一张作品时可以交替使用。

11.4 色粉笔

11.4.1 盟友（MUNGYO）

盟友色粉笔相对于其他品牌的色粉笔较硬，适合初学者使用，品牌旗下还有一个手工色粉的系类，颜色更丰富。

11.4.2 辉柏嘉（Faber-Castell）

在黑卡纸上绘画效果非常好，适合处理色粉画的细节。覆盖性很强，色粉含量多，胶含量少。

11.5 水彩

11.5.1 温莎牛顿（Winsor&Newton）

温莎牛顿水彩透明感最好，饱和度较好，扩散一般。颜色不够沉重，适合画一些明亮、清新、舒适的画面，缺点就是无法将色度调深。

11.5.2 史明克（Schmincke）

史朋克水彩透明感一般，饱和度很好，扩散还可以。颜色稳重，整体感强，写实好用，半透明及不透明色较多。调色容易，缺点就是一些浅色如玫红、镉黄一类非常沉闷，不够活泼。

11.5.3 拜因（Holbein)

拜因水彩透明感好，饱和度高，扩散性极差。要配合牛胆汁使用，能应付各类画种，颜料各方面品质均衡，颜色的量很多，并且常常出一些新颜色。

图片索引

P29~P31：杨思宇
P32~P33：郭宜章
P34~P37：杨思宇
P41~P42：郭宜章
P43~P49：高贞友
P63~P64：高贞友
P76~P77：郑芊芝
P78~P81：陈秋纯
P82~P87：高贞友
P88：（上）赖明丽、（下）郑芊芝
P89：（上）林洁仪、（下）黄雪
P91~P97：高贞友
P98~P101：郑伊新
P98~P101：郑伊新
P102~P103：林国森
P104~P110：高贞友
P111：（上）钟嘉裕、（下）彭晓盈
P112：郑伊新
P113：（上）郑伊新、（下）黄剑英
P115~P123：高贞友
P124：李博取
P125：（上）李博取、（下）黄剑英
P127~P140：高贞友
P141：（上）罗嘉彤、（下）陈岚昆
P142：（上）余子栋、（下）张晓晴
P143：（上）何冠雨、（下）高贞友

图书在版编目（CIP）数据

手绘表现技法 / 杨思宇,高贞友,郭宜章编著. —北京：中国青年出版社，2018.3（2023.8重印）
中国高等院校“十三五”环境设计精品课程规划教材
ISBN 978-7-5153-4518-5

I.①手… II.①杨… ②高… ③郭… III.①环境设计—绘画技法—高等学校—教材 IV.①TU204.11

中国版本图书馆CIP数据核字（2018）第007075号

中国高等院校“十三五”环境设计精品课程规划教材：
手绘表现技法

编　　著：杨思宇　高贞友　郭宜章

编辑制作：北京中青雄狮数码传媒科技有限公司
责任编辑：张军
助理编辑：杨佩云
出版发行：中国青年出版社
社　　址：北京市东城区东四十二条21号
网　　址：www.cyp.com.cn
电　　话：010-59231565
传　　真：010-59231381

印　　刷：北京博海升彩色印刷有限公司
规　　格：787mm × 1092mm　1/16
印　　张：9.5
字　　数：162千字
版　　次：2018年3月北京第1版
印　　次：2023年8月第4次印刷
书　　号：ISBN 978-7-5153-4518-5
定　　价：54.80元

如有印装质量问题，请与本社联系调换
电话：010-59231565
读者来信：reader@cypmedia.com
投稿邮箱：author@cypmedia.com
如有其他问题请访问我们的网站：http://www.cypmedia.com